U0397781

科学人文：新的科学理念

Humanities in Science: New Scientific Ideas

江晓原 主编

江晓原科学读本 5

上海教育出版社

Contents

目录

导言

江晓原

科学与科学精神

“什么是科学”与“什么是科学精神”都是非常难以确切回答的问题。下面是当代学者对科学的较为可取的特征描述：

A. 与现有科学理论的相容性：现有的科学理论是一个宏大的体系，一个成功的科学学说，不能和这个体系发生过多的冲突。

B. 理论的自洽性：一个学说在理论上不能自相矛盾。

C. 理论的可证伪性：一个科学理论，必须是可以被证伪的。如果某种学说无论怎么考察，都不可能被证伪，那就没有资格成为科学学说。

D. 实验的可重复性：科学要求其实验结果必须能够在相同条件下重复。

E. 随时准备修正自己的理论：科学只能在不断纠正错误不断完善的过程中发展前进，不存在永远正确的学说。

在此基础上，对于科学精神比较完整的理解也可以包括：

理性精神——坚持用物质世界自身来解释物质世界，不诉诸超自然力。

实证精神——所有理论都必须经得起可重复的实验观测检验。

平等和宽容精神——这是进行有效的学术争论时所必需的。所有那些不准别人发表和保留不同意见的做法，都直接违背科学精神。

不能将科学精神简单归结为“实事求是”或“精益求精”，尽管在科学精神中确实可以包含这两点，但“实事求是”或“精益求精”仅是常识。

并不是每一个具体的科学家个体都必然具有科学精神。

现代科学的源头在何处

答案非常简单：在古希腊。

如果我们从今天世界科学的现状出发回溯，我们将不得不承认，古希腊的科学与今天的科学最接近。恩格斯在《自然辩证法》中有两段名言：

如果理论自然科学想要追溯自己今天的一般原理发生和发展的历史，它也不得不回到希腊人那里去。[1]

随着君士坦丁堡的兴起和罗马的衰落，古代便完结了。中世纪的终结是和君士坦丁堡的衰落不可分离地联系着的。新时代是以返回到希腊人而开始的。——否定的否定！[2]

这两段话至今仍是正确的。考察科学史可以看出，现代科学甚至在形式上都还保留着浓厚的古希腊色彩，而今天整个科学发现模式在古希腊天文学中已经表现得极为完备。

欧洲天文学至迟自希巴恰斯以下，每一个宇宙体系都力求能够解释以往所有的实测天象，又能通过数学演绎预言未来天象，并且能够经得起实测检验。事实上，托勒密、哥白尼、第谷、开普勒乃至牛顿的体系，全都是根据上述原则构造出来的。而且，这一原则依旧指导着今天的天文学。今天的天文学，其基本方法仍是通过实测建立模型——在古希腊是几何的，牛顿以后则是物理的；也不限于宇宙模型，例如还有恒星演化模型等——然后用这模型演绎出未来天象，再以实测检验之。合则暂时认为模型成功，不合则修改模型，如此重复不已，直至成功。

在现代天体力学、天体物理学兴起之前，模型都是几何模型——从这个意义上说，托勒密、哥白尼、第谷乃至创立行星运动

① 《自然辩证法》，人民出版社，1971年，第30—31页。

② 《自然辩证法》，人民出版社，1971年，第170页。

三定律的开普勒，都无不同。后来则主要是物理模型，但总的思路仍无不同，直至今日还是如此。法国著名天文学家丹容在他的名著《球面天文学和天体力学引论》中对此说得非常透彻："自古希腊的希巴恰斯以来两千多年，天文学的方法并没有什么改变。"而这个方法，就是最基本的科学方法，这个天文学的模式也正是今天几乎所有精密科学共同的模式。

有人曾提出另一个疑问：既然现代科学的源头在古希腊，那如何解释直到伽利略时代之前，西方的科学发展却非常缓慢，至少没有以急剧增长或指数增长的形式发生？或者更通俗地说，古希腊之后为何没有接着出现近现代科学，反而经历了漫长的中世纪？

这个问题涉及近来国内科学史界一个争论的热点。有些学者认为，近现代科学与古希腊科学并无多少共同之处，理由就是古希腊之后并没有马上出现现代科学。然而，中国有一句成语"枯木逢春"——当一株在漫长的寒冬看上去已经近乎枯槁的树木，逢春而渐生新绿，盛夏而枝繁叶茂，我们当然不能否认它还是原来那棵树。事物的发展演变需要外界的条件，中世纪欧洲遭逢巨变，古希腊科学失去了继续发展的条件，好比枯树在寒冬时不现新绿，需要等到文艺复兴之后，才是它枯木逢春之时。

科学不等于正确

在我们今天的日常话语中，"科学"经常被假定为"正确"的同义语，而这种假定实际上是有问题的。

比如，对于“托勒密天文学说是不是科学”这样的问题，很多人会不假思索地回答“不是”，理由是托勒密天文学说中的内容是“不正确的”——他说地球是宇宙的中心，而我们知道实际情况不是这样。然而这个看起来毫无疑义的答案，其实是不对的，托勒密的天文学说有着足够的科学“资格”。

因为科学是一个不断进步的阶梯，今天“正确的”结论，随时都可能成为“不够正确”或“不正确的”。我们判断一种学说是不是科学，不是依据它的结论，而是依据它所用的方法、它所遵循的程序。不妨仍以托勒密的天文学说为例稍作说明：

在托勒密及其以后一千多年的时代里，人们要求天文学家提供任意时刻的日、月和五大行星位置数据，托勒密的天文学体系可以提供这样的位置数据，其数值能够符合当时的天文仪器所能达到的观测精度，它在当时就被认为是“正确”的。后来观测精度提高了，托勒密的值就不那么“正确”了，取而代之的是第谷提供的值，再往后是牛顿的值、拉普拉斯的值等，这个过程直到今天仍在继续之中——这就是天文学。在其他许多科学门类中（比如物理学），同样的过程也一直在继续之中——这就是科学。

有人认为，所有今天已经知道是不正确的东西，都应该被排除在“科学”之外，但这种想法在逻辑上是荒谬的——因为这将导致科学完全失去自身的历史。

在科学发展的过程中，没有哪一种模型（以及方案、数据、结

论，等等）是永恒的，今天被认为“正确”的模型，随时都可能被新的、更“正确”的模型所取代，就如托勒密模型被哥白尼模型所取代、哥白尼模型被开普勒模型所取代一样。如果一种模型一旦被取代，就要从科学殿堂中被踢出去，那科学就将永远只能存在于此时一瞬，它就将完全失去自身的历史。而我们都知道，科学有着两千多年的历史（从古希腊算起），它有着成长、发展的过程，它取得了巨大的成就，但它是在不断纠正错误的过程中发展起来的。

科学中必然包括许多在今天看来已经不正确的内容，这些内容好比学生作业中做错的习题，题虽做错了，却不能说那不是作业的一部分；模型（以及方案、数据、结论，等等）虽被放弃了，同样不能说那不是科学的一部分。

唯科学主义和哲学反思

近几百年来，整个人类物质文明的大厦都是建立在现代科学理论基础之上的。我们身边的机械、电力、飞机、火车、电视、手机、电脑……无不形成对现代科学最有力、最直观的证明。科学获得的辉煌胜利是以往任何一种知识体系都从未获得过的。

由于这种辉煌，科学也因此被不少人视为绝对真理，甚至是终极真理，是绝对正确的乃至唯一正确的知识；他们相信科学知识是至高无上的知识体系，甚至相信它的模式可以延伸到一切人类文化之中；他们还相信，一切社会问题都可以通过科学技术的发展而得到解决。这就是所谓的“唯科学主义”观点。[①]

正当科学家对科学信心十足，而公众对科学顶礼膜拜之时，哲学家的思考却是相当超前的。哈耶克早就对科学的过度权威忧心忡忡了，他认为科学自身充满着傲慢与偏见。他那本《科学的反革命——理性滥用之研究》(*The Counter Revolution of Science, Studies on the Abuse of Reason*)，初版于1952年。从书名上就可以清楚感觉到他的立场和情绪。书名中的“革命”应该是一个正面的词，哈耶克的意思是，科学(理性)被滥用了，被用来“反革命”了。哈耶克指出，有两种思想的对立：一种是有利于创新的，或者说是“革命的”；另一种则是僵硬独断的，或者说是“不利于革命的”。

哈耶克的矛头并不是指向科学或科学家，而是指向那些认为科学可以解决一切问题的人。哈耶克认为这些人“几乎都不是显著丰富了我们的科学知识的人”，也就是说，几乎都不是很有成就的科学家。照他的意思，一个“唯科学主义”(scientism)者，很可能不是一个科学家。他所说的“几乎都不是显著丰富了我们的科学知识的人”，一部分是指工程师(大体相当于我们通常说的“工程技术人员”)，另一部分是指早期的空想社会主义者及其思想的追随者。有趣的是，哈耶克将工程师和商人对立起来，他认为工程师虽然在工程方面有丰富的知识，但是经常只见树木不见森林，

① Scientism 通常译为“唯科学主义”，其形容词形式则为 scientistic(唯科学主义的)。

不考虑人的因素和意外的因素；而商人通常在这一点上比工程师做得好。

哈耶克笔下的这种对立，实际上就是计划经济和市场经济的对立。而且在他看来，计划经济的思想基础，就是唯科学主义——相信科学技术可以解决世间一切问题。计划经济思想之所以不可取，是因为它幻想可以将人类的全部智慧集中起来，形成一个超级的智慧，这个超级智慧知道人类的过去和未来，知道历史发展的规律，可以为全人类指出发展前进的康庄大道，而实际上这当然是不可能的。

从“怎么都行”看科学哲学

科学既已被视为人类所掌握的前所未有的利器，可以用来研究一切事物，那么它本身可不可以被研究？

哲学中原有一支被称为“科学哲学”（类似的命名还有“历史哲学”“艺术哲学”，等等）。科学哲学家中有不少原是自然科学出身，是喝着自然科学的乳汁长大的，所以他们很自然地对科学有着依恋情绪。起先他们的研究大体集中于说明科学如何发展，或者说探讨科学成长的规律，比如归纳主义、科学革命（库恩、科恩）、证伪主义（波普尔）、研究范式（库恩）、研究纲领（拉卡托斯），等等。对于他们提出的一个又一个理论，许多科学家只是表示了轻蔑——就是只想把这些“讨厌的求婚者”（极力想和科学套近乎的人）早些打发走（劳丹语）。因为在不少科学家看来，这些科学哲学理论不过是一些废话而已，没有任何实际意义和价值，当然更不会对科学发展有任何帮助。

后来情况出现了变化。“求婚者”屡遭冷遇，似乎因爱生恨，转而采取新的策略。今天我们可以看到，这些策略至少有如下几种：

1. 从哲学上消解科学的权威。这至迟在费耶阿本德的“无政府主义”理论（认为没有任何确定的科学方法，“怎么都行”）中已经有了端倪。认为科学没有至高无上的权威，别的学说（甚至包括星占学）也应该有资格、有位置生存。

这里顺便稍讨论一下费耶阿本德的学说。[①] 就总体言之，他并不企图否认“科学是好的”，而是强调“别的东西也可以是好的”。他的学说消解了科学的无上权威，但是并不会消解科学的价值。费耶阿本德不是科学的敌人——他甚至也不是科学的批评者，他只是科学的某些“敌人”的辩护者而已。

2. 关起门来自己玩。科学哲学作为一个学科，其规范早已建立得差不多了（至少在国际上是如此），也得到了学术界的承认，在大学里也找得到教职。科学家们承不承认、重不重视已经无所谓了。既然独身生活也过得去，何必再苦苦求婚——何况还可以与别的学科恋爱结婚呢。

① 费耶阿本德的著作被引进中国至少已有三种：《自由社会中的科学》（上海译文出版社，1990 年）、《反对方法——无政府主义知识论纲要》（上海译文出版社，1992 年）、《告别理性》（江苏人民出版社，2002 年）。

3. 更进一步，挑战科学的权威。这就直接导致“两种文化”的冲突。

“两种文化”的冲突

科学已经取得了至高无上的权威，并且掌握着巨大的社会资源，也掌握着绝对优势的话语权。而少数持狭隘的唯科学主义观点的人士则以科学的捍卫者自居，经常从唯科学主义的立场出发，对来自人文的思考持粗暴的排斥态度。这种态度必然导致思想上的冲突。一些哲学家认为，哲学可以研究世间的一切，为何不能将科学本身当作我们研究的对象？我们要研究科学究竟是怎样运作的、科学知识到底是怎样产生出来的。

这时原先的“科学哲学”就扩展为“对科学的人文研究”，于是SSK（科学知识社会学）等学说就出来了。主张科学知识都是社会建构的，并非纯粹的客观真理，因此也就没有至高无上的权威性。

这种激进主张，当然引起了科学家的反感，也遭到一些科学哲学家的批评。著名的“科学大战”[①]“索卡尔诈文事件”[②]，等等，就反映了来自科学家阵营的反击。对于学自然科学出身的人来

① 关于“科学大战”，可参阅（美）安德鲁·罗斯主编：《科学大战》，夏侯炳、郭伦娜译，江西教育出版社，2002年。

② 关于“索卡尔诈文事件”及有关争论，可参阅（美）索卡尔等著：《“索卡尔事件”与科学大战——后现代视野中的科学与人文的冲突》，蔡仲等译，南京大学出版社，2002年。

说，听到有人要否认科学的客观性，在感情上往往难以接受。

这些争论，有助于加深人们对科学和人文关系的认识。科学不能解决人世间的一切问题（比如恋爱问题、人生意义问题，等等），人文同样也不能解决一切问题，双方各有各的局限。在宽容、多元的文明社会中，双方固然可以经常提醒对方"你不完美""你非全能"，但不应该相互敌视、相互诋毁，只有和平共处才是正道。

但在很长一段时间里，科学和人文这两种文化不仅没有在事实上相亲相爱，反而在观念上渐行渐远。而且很多人已经明显感觉到，一种文化正日益凌驾于另一种文化之上。眼下最严重的问题，在于工程管理方法之移用于学术研究（人文学术和自然科学中的基础理论研究）管理，工程技术的价值标准之凌驾于学术研究中原有的标准。按照哈耶克的思想来推论，这两个现象的思想根源，归根结底还是唯科学主义。

改革开放以来，科学与人文之间，主要的矛盾表现形式，已经从轻视科学与捍卫科学的斗争，从保守势力与改革开放的对立，向单纯的科学立场与新兴的人文立场之间的张力转变。中国的两种文化总体状况比较复杂：一是科学作为外来文化，与中国传统文化存在着巨大差异；二是唯科学主义已经经常在社会话语中占据不适当的地位（这在发展中国家是常见的现象）；三是新技术所造成的社会问题已经出现，如工业环境污染、互联网侵犯隐私、新媒体矮化文化等。

公众理解科学

科学的最终目的，应该是为人类谋幸福，而不能伤害人类。因此，人们担心某种科学理论、某项技术的发展会产生伤害人类的后果，因而产生质疑，要求展开讨论，是合理的。毕竟谁也无法保证科学技术永远有百利而无一弊。无论是对“科学主义”的质疑，还是对“科学主义”立场的捍卫，只要是严肃认真的学术讨论，事实上都有利于科学的健康发展。

如今的科学，与牛顿时代，乃至爱因斯坦时代，都已经不可同日而语了。一个最大的差别是，先前的科学可以仅靠个人来进行。事实上，万有引力和相对论，都是在没有任何国家资助的情况下完成的。但是如今的科学则成为一种耗资巨大的社会活动，而这些金钱都是纳税人的钱，因此，广大公众有权要求知道：科学究竟是怎样运作的，他们的钱是怎样被用掉的，用掉以后又有怎样的效果。

至于哲学家们的标新立异，不管出于何种动机，至少在客观上为上述质疑和要求提供了某种思想资源，而这无疑是有积极意义的。

为了协调科学与人文这两种文化的关系，一个超越传统科普概念的新提法“科学传播”开始被引进，核心理念是“公众理解科学”，即强调公众对科学作为一种人类活动的理解，而不仅是单向地向公众灌输具体的科学和技术知识。事实上，这符合“弘扬科学精神，传播科学思想，介绍科学方法，普及科学知识”的原则。

与此同时，在中国高层科学官员所发表的公开言论中，也不约而同地出现了对理论发展的大胆接纳。例如，科技部部长徐冠华在2002年12月18日的讲话中说：

我们要努力破除公众对科学技术的迷信，撕破披在科学技术上的神秘面纱，把科学技术从象牙塔中赶出来，从神坛上拉下来，使之走进民众、走向社会……越来越多的人已经不满足于掌握一般的科技知识，开始关注科技发展对经济和社会的巨大影响，关注科技的社会责任问题……而且，科学技术在今天已经发展成为一种庞大的社会建制，调动了大量的社会宝贵资源；公众有权知道，这些资源的使用产生的效益如何，特别是公共科技财政为公众带来了什么切身利益。①

又如，时任中国科学院院长路甬祥在讲话中认为：

科学技术在给人类带来福祉的同时，如果不加以控制和引导而被滥用的话，也可能带来危害。在21世纪，科学伦理的问题将越来越突出。科学技术的进步应服务于全人类，服务于世界和平、发展和进步的崇高事业，而不能危害人类自身。加强科学伦理和道德建设，需要把自然科学与人文社会科学紧密结合起来，超越科学的认知理性和技术的工具理性，而站在人文理性的高

①《科学时报》，2003年1月17日。

度关注科技的发展，保证科技始终沿着为人类服务的正确轨道健康发展。[1]

所有这一切，都不是偶然的。这是中国科学界、学术界在理论上与时俱进的表现。这些理论上的进步，又必然会对科学与人文的关系、科学传播等方面产生重大影响。2002年底，在上海召开了首届“科学文化研讨会”（上海交通大学科学史系主办），会后发表了此次会议的“学术宣言”，[2] 对这一系列问题作了初步清理。随后出现的热烈讨论，表明该宣言已经引起学术界的高度重视。[3]

---

① 《人民政协报》，2002年12月17日。

② 柯文慧（江晓原定稿）：《对科学文化的若干认识——首届“科学文化研讨会”学术宣言》，载《中华读书报》，2002年12月25日。

③ 围绕这份宣言，出现在纸媒和网上的各种讨论和争论，已经形成大量文献。此后数年召开了多次科学文化研讨会，较重要的文献有：柯文慧（江晓原定稿）：《岭树重遮千里目——第四次科学文化会议备忘录》，载《科学时报》，2005年12月29日；柯文慧（江晓原定稿）：《一江春水向东流——第五次科学文化研讨会备忘录》，载《科学时报》，2007年3月15日。

科学中的美和对美的追求

钱德拉塞卡 |

|导读|

钱德拉塞卡（Subrahmanyan Chandrasekhar，1910—1995）出生于印度拉合尔（现属巴基斯坦），1930年毕业于印度马德拉斯普雷斯顿大学物理系。同年夏天，获政府奖学金，赴英国剑桥大学三一学院深造，在狄拉克的指导下从事研究工作，1933年获博士学位。留校工作一段时间后，于1936年被美国芝加哥大学聘请为助理研究员，并负责编辑芝加哥天文物理杂志。1937年成为芝加哥大学教授，其后一直在芝加哥大学任教并从事科学研究。1953年成为美国公民，1955年被选为美国科学院院士，1962年获英国皇家学会金质奖章，1967年由美国总统授予国家科学奖。

据说钱德拉塞卡是在去英国的旅途中，计算出一颗质量大约为太阳质量一倍

钱德拉塞卡

半的冷恒星，将不能抵抗自身的重力而坍缩。这个质量现在称为钱德拉塞卡极限。质量大于钱德拉塞卡极限的恒星，将坍缩成一种密度极大的状态，甚至一个点。爱丁顿对此极为反感，说自然的行事不会如此荒谬。沿着这一思路进行研究，关于黑洞的理论将提早几十年得出。1974年到1983年间钱德拉塞卡着重研究了关于黑洞的数学理论，其时黑洞已经成为热门研究对象。也许正是爱丁顿的反对，钱德拉塞卡的研究转向了对白矮星和恒星大气辐射传能等方面的研究，奠定了这些研究领域的理论基础，主要著作有《恒星结构研究导论》《恒星动力学原理》等。1983年，钱德拉塞卡因“对恒星结构和演化的物理过程的理论研究”与福勒（William Fowler）分享了该年度诺贝尔物理学奖。

我受命在这里作一次演讲，要想避免老生常谈和陈词滥调，演讲的课题是很难的。此外，我的知识和经历有限，只能就物理学的理论方面讲一讲——这是一种最严重的局限性。因此，首先我要请你们有点耐心，克制一点。

我们对于自然之美都深有感受。这种美有些方面为自然和自然科学所共有，这样说不是没有道理的，但有人也许要问，在何种程度上追求美是科学研究的目的之一？对于这个问题，庞加莱是毫不含糊的。他在一篇文章中写道：

科学家不是因为有用才研究自然的。他研究自然是因为他从中得到快乐；他从中得到快乐是因为它美。若是自然不美，知识就不值得去求，生活就不值得去过了……我指的是根源于自然各部分的和谐秩序、纯理智能够把握的内在美。

庞加莱继续说：

正因为简洁和浩瀚都是美的，所以我们优先寻求简洁的事实和浩瀚的事实；所以我们追寻恒星的巨大轨道，用显微镜探察奇异的细小（这也是一种浩瀚），在地质年代中追踪过去的遗迹（我们所以受吸引是因为它遥远），这些活动都给我们带来快乐。

对于庞加莱的这些话，牛顿和贝多芬的传记作者 J. W. N. 沙利文写道（《雅典娜神庙》，1919 年 5 月）：

由于科学理论的首要目的是表达人们发现的自然中存在的和

谐，所以我们一眼就能看到这些理论一定具有美学价值，对一个科学理论的成功与否的衡量事实上就是对它的美学价值的衡量，因为这就是衡量它给原本是混乱的东西带来多少和谐。

科学理论的辩护要从它的美学价值上去寻找，科学方法的辩护要借助它的美学价值去获得。没有定律的事实是无意义的，没有理论的定律充其量只具有实践功效，所以我们看到指引科学家的动机从一开始就是美学冲动的显现……没有艺术的科学是不完善的科学。

优秀的艺术批评家 R. 福雷有一篇很有见地的文章《艺术和科学》，该文开始引用了沙利文的一段话，接着说：

沙利文大胆地说："科学理论的辩护要从它美学价值上去寻找，科学方法的辩护要借助它的美学价值去获得。"这里我想向沙利文提一个问题：一个无视事实的理论与一个符合事实的理论是否具有同样的科学价值。我想他会说不；依我之见，为什么不，是没有纯美学理由的。

我将在后面讨论福雷提出的问题并提出一个不同于福雷以为沙利文会提出的回答。

现在我从这些泛泛的论述转向具体的实例，看看科学以何为美。

1660年，荷兰阿姆斯特丹一位名为安德烈亚斯·塞拉里厄斯（Andreas Cellarius）的教师兼数学家，出版了一本惊人的彩色地图集《和谐的宇宙》。地图是他手工刻成的，其中包括了地心说（托勒密，Ptolemy）和日心说（哥白尼）两种系统。在上图中，在轨道上绕地球转动的天体，由近及远依次为月球、水星、金星、太阳、火星、木星、土星和黄道诸星座

我的第一个例子与福雷的话有关，他说到有些东西数学天才感到是真的而又没有明显的理由。印度数学家拉马努詹留下了大量的笔记（其中一本是几年前才发现的）。在这些笔记中，拉马努詹记下了几百个公式和等式。其中有许多最近由拉马努詹用无从知道的方法证明了。G. N. 华生（Watson）花了数年时间证明拉马努詹的许多等式，他写道：

研究拉马努詹的著作以及他所提出的问题不禁想起拉梅读到埃尔米特的模函数论文时说的话："真让人惊心动魄。"而我自己的态度不是一句话能表达的，像这样的公式使我激动和震颤，正如当我走进美第奇教堂新圣器收藏室，看到"昼""夜""晨""暮"诸神（米开朗基罗作，立于G. 美第奇和L. 美第奇的陵墓之上）的庄严之美时感到的震颤，这两种感受是没法区分开来的。

再举一个大不相同的例子，说的是玻耳兹曼对麦克斯韦一篇论述气体动力理论的文章的反应，在那篇文章中，麦克斯韦阐明了如何精确求解气体迁移系数（在那里分子间力是分子间距离的负5次幂的函数）。玻尔兹曼说：

一个音乐家听出几个小节就能认出莫扎特、贝多芬还是舒伯特，同样，一个数学家读几页就能看出是柯西、高斯、雅可比、亥姆霍茨还是基尔霍夫。法国数学家以形式优雅超群，而英国人，特别是麦克斯韦，则具有戏剧性的感觉。例如，谁不知道麦克斯韦关于气体动力学理论的论文？……首先是对速度变化的庄严壮丽的论述，然后状态方程从一边进入，有心场中的运动方程从另一边进入。公式的混乱程度越来越高。突然，我们就好像听到定音鼓，鼓槌四击“敲定 N=5”。邪恶的精灵 V（两个分子的相对速度）消失了；就像在音乐中一样，一直突出的低音突然沉寂了，似乎不可超越的东西好像被魔术般的一声鼓鸣超越了……这不是问为何这个或那个代之而起的时候。如果你不能与那音乐一道同行同止，那就把它放在一边吧。麦克斯韦不写注释的标题音乐……一个结果紧随另一个结果，连绵不断，最后，像一阵意外的旋风，热平衡条件和迁移系数的表示式突然出现在我们面前，紧接着幕落了！

我一开始就举这两个简单的例子是想强调，不一定要在最宏大的画布上寻找科学美。但最宏大的画布确实提供最好的实例，这里我就举两例吧。

爱因斯坦广义相对论的发现被赫尔曼·韦尔称之为思辨思维力量的最高典范，而朗道和栗夫西茨认为广义相对论大概是现有物理学理论中最壮美的。爱因斯坦本人在他论述场方程的第一篇文章的末尾写道：“任何充分理解这个理论的人都难逃避它的魔力。”我回头再讨论这种魔力的根本所在。现在我要拿海森堡发现量子力学时的感受与爱因斯坦表达的对他自己的理论的反应相对照。幸运的是，海森堡有自述，他写道：

……我明白了到底要用什么取代专门研究可观察量级的原子物理学中的玻尔——索末菲量子条件。有了这个补充假定，我给量子论引入了一个关键的限定。然后我注意到能量守恒原理的适用性还没有保证……于是我致力于阐明守恒定律成立；一天晚上我达到了这样一点：就要确定能量表（能量矩阵）中的各个单项了……第一项似乎合乎能量守恒原理，我激动不已，于是开始犯无数的算术错误。结果当我算出最后结果时已是凌晨3点了。能量守恒原理对于所有的项都成立，我不能再怀疑我的计算显示的那种量子力学的数学一致性和协调性。起先，我惊得目瞪口呆。我感到我透过原子现象的表面看到了奇美无比的内景，想到我现在就要探察自然如此慷慨地展列在我面前的数学结构之财富，我几乎觉得飘飘欲仙了。

看到爱因斯坦和海森堡的这些关于自己发现的言论，回想海森堡记下的海森堡与爱因斯坦的谈话，那是很有意思的。以下是一个摘录：

当自然把我们引向具有极大的简洁性和优美性的数学形式——形式指一个由假说、公理等构成的融会贯通的系统——引向前所未见的形式时，我们不禁要想到它们是“真的”，它们揭示了自然的真实特性……你一定也有这种感想：自然突然在我们面前展现各种关系几乎令人生畏的简洁性和整体性，我们之中没有一个人有丝毫的准备。

海森堡的这些话与济慈的几句诗前呼后应：

美就是真，
真就是美；
这是一切你知道的，
这是一切你应该知道的。

现在我想回头讨论我前面说到的福雷的问题。即如何看待一个美学上令人满意同时又相信它不真的理论。

戴森曾引用韦尔的话："我的劳作是努力把真和美统一起来；如果我不得不选择其中之一，我常常选择美。"我要问一问戴森：韦尔是否举过他为了美而牺牲真的例子？我了解到韦尔举的例子是他的引力度规论，这个理论是在他的《时空问题》中提出来的。显然，韦尔确信这个理论作为一个引力理论是不真的；但它是那样美以致他不愿意放弃它，因此他为了它的美不让它消亡。但很久以后，度规不变性的形式系统被纳入量子电动力学，证明韦尔的本能直觉是完全正确的。

另一个韦尔不曾提到但戴森注意到了的例子是韦尔的两分量中微子相对性波动方程。韦尔发现了这个方程，但由于它违背宇称不变性原则，约有 30 年未受到物理学界的重视。但结果再一次

证明韦尔的直觉是正确的。

相信自然界中有现存的和谐，或者叫作美，是人们探索自然的一个动力。开普勒就被这种动力所驱使，更多的科学家在他们的科学实践中体验到了这种美。但“美即真”归根结底还是一种信念，而非科学原则。

因此我有证据说明，一个科学家凭异常高超的审美直觉提出的理论即使起初看起来不对，终究能够被证明是真的。正如济慈在很久以前看到的：“凡想象认作美的东西一定是真理，不论它以前存在与否。”

确实，人类心灵最深处看作美的东西变成外部自然中的现实，这是一个令人难以置信的事实。

凡是可理解的，同时也是美的。

选自《智慧的灵光——世界科学名家传世精品》，宋建林主编，改革出版社，1999年。朱志芳译。

我的见解

马克斯·玻恩 |

| 导读 |

玻恩（Max Born，1882—1970）出生于普鲁士的布雷斯劳，1901 年进入布雷斯劳大学，1905 年进哥廷根大学，在希尔伯特、闵可夫斯基等数学大师门下学习。1907 年获博士学位之后去英国剑桥，在 J. J. 汤姆逊门下学习了一段时间。1912 年受聘为哥廷根大学讲师，1915 年加入德国空军，一战结束后，1919 年被任命为法兰克福大学教授。1921 年成为哥廷根大学教授，并成为哥廷根大学物理系主任。1933 年玻恩由于犹太血统关系被剥夺了教授职位和财产，被迫迁居英国。1936 年接替 C. G. 达尔文任爱丁堡大学教授，1937 年当选为英国伦敦皇家学会会员。1953 年退休后回德国。

玻恩是量子力学的创始人之一，其主要成就是创立了矩阵力学和对波函数作出

玻恩

统计解释。他与海森堡等合作，发展三维粒子运动理论，即矩阵力学，提出了量子力学中的微扰理论。玻恩因此项工作与博特（Walther Bothe）分享了1954年度的诺贝尔物理学奖。玻恩还是晶格动力学的创始人，1954年与中国物理学家黄昆合著的《晶格动力学》一书是该领域的经典之作。

我想就科学对于我以及对于社会的意义提出一些见解，而且我要先说一句平凡肤浅的话来开头，这句话就是：生活中的成就和胜利，在很大程度上依赖于好运气。就我的双亲，我的妻子，我的孩子，我的老师，我的学生和我的合作者来说，我是幸运的。在两次世界大战和几次革命中，我都幸运地活下来了，其中包括希特勒的那一次，对于一个德国犹太人来说，这是非常危险的。

我希望从两个角度来观察科学，一个是个人的角度，另一个是一般的角度。正如我已经说过的那样，我一开始就觉得研究工作是很大的乐事，直到今天，仍然是一种享受。这种乐趣有点像解决十字谜的人所体会到的那种乐趣。然而它比那还要有趣得多。也许，除艺术外，它甚至比在其他职业方面做创造性的工作更有乐趣。这种乐趣就在于体会到洞察自然界的奥秘，发现创造的秘密，并为这个混乱的世界的某一部分带来某种情理和秩序。它是一种哲学上的乐事。

我曾努力阅读所有时代的哲学家的著作，发现了许多有启发性的思想，但是没有朝着更深刻的认识和理解稳步前进。然而，科学使我感觉到稳步前进：我确信，理论物理学是真正的哲学。它革新了一些基本概念，例如，关于空间和时间（相对论），关于因果性（量子理论），以及关于实体和物质（原子论）等，而且它教给我们新的思想方法（互补性），其适用范围远远超出了物理学。最近几年，我试图陈述从科学推导出来的哲学原理。

玻恩说理论物理学是真正的哲学，而现在真正搞哲学的却不懂理论物理学。

当我年轻的时候，工业中需要的科学家很少。他们谋生的唯一途径是教学。我觉得在大学里教书是最有趣的。以有吸引力的和有启发性的方式来提出科学问题，是一种艺术工作，类似于小说家甚至戏剧作家的工作。对于写教科书来说也是同样情况。最愉快的是教研究生。我很幸运，在我的研究生中间有许多有天才的人。发现人才并把他们引导到内容丰富的研究领域是件了不起的事情。

因此，从个人观点来看，科学已经给了我一个人所能期望于他的职业的一切可能的满意和愉快。但是，在我一生的时间里，科学已经成为公众关心的事情，我青年时期那种“为艺术而艺术”的观点，现在已经过时了。科学已经成为我们文明的一个不可缺少的和最重要的部分，而科学工作就意味着对文明的发展作出贡献。科学在我们这个技术时代，具有社会的、经济的和政治的作用，不管一个人自己的工作离技术上的应用有多么远，它总是决定人类命运的行动和决心的链条上的一个环节。只是在广岛事件以后，我才充分认识到科学在这方面的影响。但是后来科学变得非常非常重要了，它使我考虑在我自己的时代里科学在人类事务中引起的种种变化，以及它们会引向哪里。

尽管我热爱科学工作，可是我考虑的结果是令人抑郁的。在很少几行文字里不可能论述这个重大问题。但是，如果不简要地提一下我的观点，那么对我一生的素描就会是不完备的。

在我看来，自然界所做的在这个地球上产生一种能思维的动物的尝试，也许已经失败了。其理由不仅在于核战争也许会爆发，毁灭地球上的一切生命——这种可能性是相当大的——而且总是在增长。即使这样一场浩劫可以避免，对于人类来说，除了黑暗的未来以外，我什么也看不到。人因为有大脑，所以相信自己比所有其他动物都优越；而就他的意识状态来看，人是否比其他哑巴畜生更快乐呢？这却是可以怀疑的。人类历史已经有几千年了。这部历史充满着激动人心的事件，但总的来说是千篇一律的，那就是和平与战争，建设与破坏，发展与衰落的交替。在人类历史上总是有某些由哲学家发展的基本科学，和某些实际上不依赖于科学而掌握在技工手里的原始技术。两者都发展得很慢，慢得在一个长时期里几乎看不出变化，而且对人类舞台也没有多大影响。但是，大约在300年前突然间爆发了智力活动：现代科学和技术诞生了。从那时以来，它们以不断增长的速度发展着，大概比指数还快，它们现在把这个人类世界已经改变得使人认不出了。但是，这种改变虽然是由精神造成的，却不受精神的控制。这几乎不需要举例说明。医学已经战胜了许多瘟疫和流行病，而且仅仅在一代人的时间里使人的平均寿命增加了一倍：其结果出现了灾难性的人口过剩的前景。城市里挤满了人，同自然界完全失去了接触。野生动物式的生活在迅速地消失。从地球的一个地方到其他地方几乎立即可以通讯，旅行已经加速到难以置信的程度，其结果是，这世界的一个角落里的每一个小小的危机，都会影响到其余所有的角落，并且使合理的政治成为不可能了。汽车使整个农村成为所有人都可以到达的地方，但是道路被堵塞了，休养地被污损了。可是，这种技术上的误用可以由技术上的和行政上

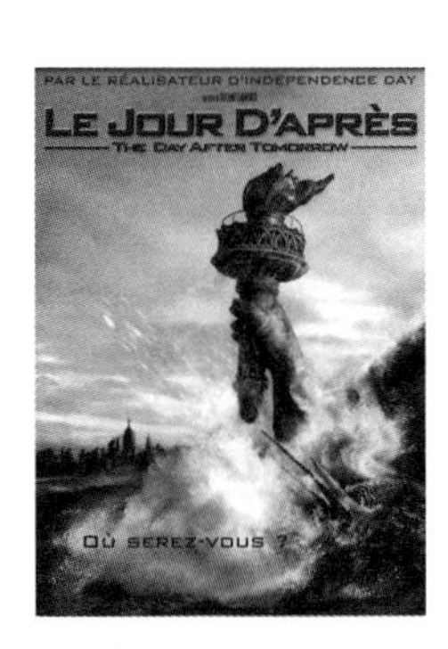

《后天》：如果今天不能正确行事，我们就不会有后天了。

的补救办法来及时纠正。

真正的痼疾更为深刻。这种痼疾就在于所有伦理原则的崩溃，从前即使在残酷的战争和大规模的破坏时期，这些原则也曾在历史进程中进化并保持一种有价值的生活方式。传统的伦理因技术而瓦解的问题，只要举两个例子就够了：一个是和平时期的，另一个是战争时期的。

在和平时期，艰苦的工作是社会的基础。人类因自己学会了做什么以及用自己的双手生产东西而感到骄傲。技巧和专心受到高度重视。今天这种情况所剩无几了。机器和自动化已经贬低了人的工作并且摧毁了这种工作的尊严。今天这种工作的目的和报酬是金钱。为了购买别人为金钱而生产的技术产品，就需要金钱。

在战争时期，体力和勇气，对战败了的敌人的宽大，对没有防御能力者的同情，昔日是模范战士的特征。现在这些东西什么也没有剩下了。现代的大规模毁灭性武器没有为伦理上的约束留下余地，并且使士兵沦为有技术的屠杀者。

这种伦理上的贬值是由于人类的行动要经过漫长而复杂的道路才能达到其最终效果的缘故。大多数工人在生产过程的一个特殊部门里，只熟悉自己很小范围内的专门操作，而且几乎从来没有看到过完整的产品。自然他们就不会感到要对这个产品或对这个产品的使用负责。这种使用无论是好还是坏，是无害还是有害，是完全在他们的视野以外的。行动和效果的这种分割的最可怕的结果是在德国的纳粹统治时期消灭了几百万人；艾希曼式的屠杀者不服罪，因为他们在“干他们的工作”，而与这种工作的最终目的无关。

使我们的伦理规范适应于我们这个技术时代的形势的一切尝试都已经失败了。就我所见，传统的道德观的代表们、基督教教会，已经找不到补救办法。共产主义国家只是抛弃了对每个人都适用的伦理规范的观念，而国家法代表道德规范这个原则。

乐观主义者也许希望，从这个丛林里将会出现一种新的道德观，而且将会及时出现，以避免一场核战争和普遍的毁灭。但是，与此相反，这个问题很可能由于人类思想中科学革命的性质本身而不能得到解决。

关于这个问题，我已详细论述过，在这里只能指出主要的几点。

普通人都是朴素实在论者：就像动物一样，他把自己的感官印象当作实在的直接信息来接受，而且他确信人人都分享这种信息。他没有意识到，要证实一个人的印象（例如，一棵绿树的印象）和另一个人的印象（这棵树的印象）是否一样，是没有办法的，甚至“一样”这个词在这里也没有意义的。单个感官经验没有客观的，即能表达的和可证实的意义。科学的本质在于发现两个或者更多的感官印象之间的关系，特别是相同的陈述，是可以由不同的个人来表达和检验的。如果人们只限于使用这样一些陈述，那么就得到一个客观的世界图景，尽管它是没有色彩的和平淡无味的。这就是科学所特有的方法。这种方法是在所谓物理学的古典时期（1900 年以前）时，慢慢地发展起来的，而在现代原子物理学里，成了占优势的方法。这种方法在宏观宇宙里和在微观宇宙里一样，大大拓宽了认识的范围，惊人地增强了支配自然的能力。但是，这种进步是付出了惨痛的代价的。科学的态度对传统的、不科学的知识，甚至对人类社会所依赖的正常的、单纯的行动，都容易造成疑问和怀疑。

还没有一个人想出过不靠传统的伦理原则而能把社会保持在一起的手段，也没有想出过用科学中运用的合理方法来得出这些原则的手段。

科学家本身是不引人注目的少数；但是令人惊叹的技术成就使他们在现代社会中占有决定性的地位。他们意识到，用他们的思想方法能得到更高级的客观必然性，但是他们没有看到这种客观必然性的极限。他们在政治上和伦理上的判断因而常常是原始的和危险的。

非科学的思维方式，当然也取决于少数受过教育的人们，如法学家、神学家、历史学家和哲学家，他们由于受训练的限制，不能理解我们时代最强有力的社会力量。因此，文明社会分裂为两个集团，其中一个是由传统的人道主义思想指导的，另一个则是由科学思想指导的。最近，许多著名的思想家，如 C. P. 斯诺（《科学和政府》，伦敦，牛津大学出版社，1961 年，英文版），已经讨论了这种形势。他们一般认为，这是我们的社会制度的一个弱点，但是相信，这可以由完全平衡的教育来补救。

朝这个方向改进我们的教育制度的建议很多，但是到目前为止仍然无效。我的个人经验是，很多科学家和工程师是受过良好教育的人们，他们有文学、历史和其他人文学科的某些知识，他们热爱艺术和音乐，他们甚至绘画或演奏乐器；另一方面，受过人文学科教育的人们所表现出来的对科学的无知，甚至轻蔑，是令人惊愕的。以我自己为例，我熟悉并且很欣赏许多德国和英国的文学和诗歌，甚至尝试过把一首流行的德文诗歌译成英文（威廉·比施：《画家克莱克赛儿》，纽约，弗雷德里克·昂加尔书店，1965 年，英文版）；我还熟悉其他的欧洲作家，即法国、意大利、俄国以及其他国家的作家。我热爱音乐，在我年轻的时候钢琴弹得很好，完全可以参加室内乐的演奏，或者同一个朋友一起，用两架钢琴演奏简单的协奏曲，有时甚至和管弦乐队一起演奏。我读过并且继续在读关于历史以及我们现今社会的经济的和政治的形势方面的著作。我试图通过写文章和发展广播讲话来影响政见。我的许多同事都有这些爱好和活动——爱因斯坦是一个很好的小提琴家；普朗克和索末菲是出色的钢琴家，海森堡和其他许多人也

爱因斯坦不但是一位伟大的科学家，而且还是一位出色的小提琴家，对音乐有很深的造诣。

是如此。关于哲学，每一个现代科学家，特别是每一个理论物理学家，都深刻地意识到自己的工作是同哲学思维错综地交织在一起的，要是对哲学文献没有充分的知识，他的工作就会是无效的。在我自己的一生中，这是一个最主要的思想，我试图向我的学生灌输这种思想，这当然不是为了使他们成为一个传统学派的成员，而是要使他们能批判这些学派的体系，从中找出缺点，并且像爱因斯坦教导我们的那样，用新的概念来克服这些缺点。因此，我认为科学家并不是和人文学科的思想割裂的。

关于这个问题的另一方面，在我看来是颇为不同的。在我碰到过的受过纯粹人文学科教育的人当中，有非常多的人对真正的科学思想没有一点知识。他们常常知道各种科学事实，有些甚至是我也没有听到过的很难懂的科学事实，但是他们不知道我上面所说的科学方法的根源，而且他们似乎不能掌握这种思索的要点。在我看来，巧妙的、基本的科学思维是一种天资，那是不能教授的，而且只限于少数人。

有点天才论的味道。我们相信人的天资上的差别是不大的，只是只有少数人能把天资中的科学思维发掘出来发扬光大最后卓然成大家。

但是，在实际事务中，特别是在政治中，需要把人类相互关系中的经验和利益同科学技术知识结合起来的人物。而且，他们必须是行动的人而不是沉思的人。我有这样一种印象：没有一种教育方法能产生具备所需要的一切特性的人们。

由于科学方法的发现所引起的人类文明的这种破裂也许是无法弥补的。这种思想时常萦绕在我脑际。虽然我热爱科学，但是我感到，科学同历史和传统的对立是如此严重，以致它不可能被我们的文明所吸收。我在我的一生中目睹的政治上的和军事上的恐怖以及道德的完全崩溃，也许不是短暂的社会弱点的征候，而是科学兴起的必然结果，而科学本身就是人的最高的理智成就之一。如果是这样，那么人最终将不再是一种自由的、负责的生物。如果人类没被核战争所消灭，它就会退化成一种处在独裁者暴政下的愚昧的没有发言权的生物，独裁者借助于机器和电子计算机来统治他们。

原子弹爆炸的“蘑菇云”照片。

这不是预言，而只是一个噩梦。虽然我没有参与把科学知识用于像制造原子弹和氢弹那样的破坏性目的，但我感到我自己也是有责任的。如果我的推理是正确的，那么人类的命运就是人这个生物的素质的必然结果，在他身上混合着动物的本能和理智的力量。

但是，我的推理也许完全错了。我希望如此。也许有朝一日有一个人显得比我们这一代人中的任何人都聪明能干，他能把这世界引出死胡同。

选自《智慧的灵光——世界科学名家传世精品》，宋建林主编，改革出版社，1999年。李宝恒译。

科学思想泛论

欧文·薛定谔 |

| 导读 |

薛定谔(Erwin Schrodinger, 1887—1961)出生于维也纳,1906年进维也纳大学物理系,1910年获博士学位,毕业后在维也纳大学第二物理研究所工作,后转到了德国斯图加特工学院和布雷斯劳大学教书。1927年,薛定谔接替普朗克到柏林大学担任理论物理学教授,并成为普鲁士科学院院士。1933年,愤于纳粹政权对杰出科学家的迫害,弃职移居英国牛津,在马格达伦学院任访问教授。1936年冬回到奥地利格拉茨。德国吞并奥地利后,于1938年9月在友人的帮助下又流亡到英国牛津,次年10月转到爱尔兰。爱尔兰为薛定谔建立了一个高级研究所,他在此从事了17年研究工作。1956年70岁时返回维也纳大学物理研究所。

薛定谔是量子力学奠基人之一,他在

法国德布罗意的物质波理论基础上，建立了量子力学的波动力学，其数学表述是描述微观粒子运动状态的薛定谔方程。1926年，薛定谔证明自己的波动力学与海森堡、玻恩、约尔丹所建立的矩阵力学在数学上是等价的。薛定谔因在量子力学方面的奠基性工作和狄拉克一起分享了1933年度的诺贝尔物理学奖。

薛定谔还长期探索了统一场论、宇宙论等问题。薛定谔每年在都柏林主持“夏季讲座”，与各国同行讨论交流。他的《生命是什么》（1948年），用热力学、量子力学、化学理论解释生命现象的本质，引进了负熵、遗传密码、量子跃迁式突变等概念，成为今天蓬勃发展的分子生物学的先驱。

我们方才讨论过的那个基本的真理意境含有一个观念，虽则表达得不完全而且一般化，却比较容易为现代科学思想所吸收；那就是，一系列由遗传连接起来的个体，从一个到另一个的繁殖行为，实际上并不是肉体和精神生命的中断，而只是其紧缩的表现。正由于此，所以当我们谈到我的意识和我祖先的意识的同一性时，这同我说我在熟睡以前和熟睡以后的意识是同一个意识的意思大致是一样的。通常不承认这一事实的理由，是后一例中有记忆存在，而前一例中却显然一点没有。但是今天大多数人们不得不承认至少在许多动物的本能中，我们所看到的恰恰就是这种超个体的记忆。熟悉的例子包括以下这些：鸟类筑巢，而巢总是和这一类鸟儿产蛋的多少和大小相适应的，然而这不可能是鸟儿的个别经验得来的；又如狗在临睡前“铺床”，即使在波斯地毡上也会用脚去踏，就像在草原上把草踏平那样；还有，猫要把自己的粪便埋掉，即使在木板或石板地上也企图这样做，这只能说明是防止敌人或追捕的动物闻到它们的臭味。

要在人类中发现同样的现象是比较困难的，因为人的内心总是意识到自己的行为，同时人们还坚信（在我看是错误的）只有完全不经过思想、完全不加考虑的行为才是本能的行为。因此，人们对强调事物主观一面的描述，诸如物种记忆的存在，表示强烈的怀疑，并否认这一大堆现象对我们讲的意识的连续性有任何证明价值。虽然如此，在人类和动物中一样，确实有一种带有强烈感情色彩的情结，并且毫不含糊地具有超个人记忆的痕迹：这就是两性情感的初萌，两性之间的亲力或拒力，对性的好奇心和羞耻心，等等。在恋爱时的那种无法形容的又苦又甜的心情，特别是那种严格选择对象的倾向，这一切最明显地表明有一种只存在于个人意识内而不普遍存在于物种中的特殊记忆痕迹。

再举个例子：这种人类亘古递传下来印象的“回忆”（西门称为 Ekphoria），还可在人们日常生活中一些“吵架”现象上看出来。有人侵犯到我们的权利（不管是事实，还是我们觉得），我们立刻就感到非得狠狠对付一下不可，要责备、辱骂，等等。我们“发火”了，脉息加速，头脑充血，肌肉紧张，发抖好像触电那样，而且往往不由自主地要采取行动。一句话，整个机体已经看得出准备去做我们千百万祖先在类似情况下真正做过的事情：

打击侵犯者并保卫自身，这对我们祖先说来，这样做是完全对的和必要的。但对我们来说，这往往不必要。虽说如此，这类情况我们还是控制不住。即使一个人完全明白要他真的动手，他是决计不会干的，或者知道这样会对自己不利，因此他连脑筋都不会认真动一下；特别是，当他的头脑正在自觉地和全神贯注地考虑最好还是动口而不动手时，因为（我要说）只有用口能保护他不吃大亏，就如同他的祖先们在他们的情况下用拳头一样，尽管如此，一个有这种倾向的人有时还是不免诉诸武力。这说明，他的整个返祖机制严重地妨碍了他采用自己的办法保卫自己。我们的祖先在同样情况下只知道“上呀！上呀！”由于潜在于我们心中的物种记忆在作怪，所以控制自己时，我们就感到很苦痛。有时我们还是不听理性呼声，而只一味盲目行动，结果就造成大错，后悔莫及。

在这些特殊的事例里，我们特别看得出，我们祖先经历的侵入，看得出我们生命中有一层不是在我们自己个人生活中形成的更早的存在，并起着明显的作用。这样类似的例子还可举出很多，诸如“同情心”“憎恶心”，对某些无害动物的厌恶，到了某些地方觉得很安逸，等等。但不仅是这些例子可以证明人的意识的连续性和同一性；即使没有上述这些例子，我们还是可以肯定这是真理。

我的有意识生命视我的机体组织，尤其是我的中枢神经系统的特殊结构和作用方式而定。但是这些结构和作用方式在因果关系上和遗传关系上又视我之前就已存在的机体组织的结构和作用方式而定，这些全都和有意识的精神生活相联系，而且这一连串的生理事件并没有任何中断的地方；相反，每一个这样的机体都是下一个机体的蓝图，也是其制造者和材料，从而使它的一个部分长成为它本身的一个复本。请问在这一系列事件中，我们该把新意识的开端放在哪里呢？

但是我脑子的特殊结构和形成的习惯，我的个人经验，事实上，一切我真正叫作我的人格的——这些肯定不是由我祖先的遭遇老早决定了的！如果后面这句话是指我个人的一系列祖先而言，那当然不是如此。说到这里，我们就必须慎重考虑一下在这一节开头时讲的那个不完全的陈述包括哪些范围。因为，我称之为我的较高级的精神自我的结构，在本质上确实是从我祖先的经历那里得来的，但这不是说它完全或主要地限制在我自己祖先这一范围里。如果我下面所要说的不仅仅是玩弄辞藻的话，那么读者就必须弄清楚这一点，即决定一个人的发展过程的两种因素：（a）他的基因的特殊安排，和（b）作用于他的特殊环境格局。读者还必须知道，这两种因素的性质完全相同，因为基因的特殊安排，以及它所包含的一切发展的可能性，都是在更早的环境影响下并主要依靠这些环境而发展起来的。现在你看，精神人格的涌现，多么和环境的影响整个儿密切联系着，而这些影响又是同类成员（有的活着，有的死了）的精神人格直接造成的。而且要始终记住，我们这些科学家可以而且必须把所有这些“精神的”影响看作是别人的机体组织对我们自己的机体组织

（就是说，我们的脑神经系统）直接限制和修正，因而这些影响在原则上和我们自己历代祖先们在我们身上引起的影响，并没有什么不同。

没有什么自我是独立的。在每个自我的背后都拖着一条由肉体事件和作为整体的一个特殊部分的精神事件形成的长链，而且我就是这条长链的反应者和延续者。随时通过自我的机体特别是它的脑神经系统的情况，同时通过教育、传统，并由于语言、文字、文献、习俗、生活方式、新形成的环境……一句话，通过千言万语也讲不完的事物，通过这一切，自我不仅仅和它的祖先的遭遇连起来，自我不仅仅是这一切的产物，而毋宁说，在最严格的意义上，它和这一切就是同一个东西：是这一切的严格的、直接的继续，正如50岁的我是40岁的我的继续那样。

值得注意的是，虽然西方哲学家们几乎普遍承认，个人的死亡并不意味着生命本质的终结；但除了柏拉图和叔本华以外，几乎没有什么哲学家考虑到和以上见

“没有什么自我是独立的”，在有的地方该文也以这句话为标题。薛定谔在这里强调每一个自我在物质方面（生理遗传上）和精神意识方面（文化传统上）都是作为链条的一环存在，因而是不独立的。但是也应该看到，这样的自我也是会独创一些以前没有的以供未来“自我”们继承的东西，譬如薛定谔自己的波动方程就是一个创造。

解逻辑上密切相关的另一个更深刻、更亲切和令人鼓舞的见解：那就是，个人的诞生也同样如此，它并不表明我第一次被创造了出来，而只表明我好像是从酣睡中慢慢醒过来那样。这样一来，我就能看到，我的希望和努力，我的忧虑和恐惧，是同生活在我之前的千百万人们的希望和努力，忧虑和恐惧一样的，而我也可以希望千百年后我在千百年前的渴望得以实现。思想的种子只有作为我的某些祖先思想的继续，才能在我里面发芽。

我很清楚，虽然有了叔本华的哲学和吠檀多的经典《奥义书》，但大多数读者会认为我提出的是一个可喜的和恰当的比喻，不会同意所有意识在本质上都是同一的这个命题，以及有什么真正的实际价值。甚至有人会对一家人的意识是同一的这个论点提出异议说，一般说来父母两个生几个儿女，而父母继续活下去，所以是多而不是一。此外，一个人童年记忆的完全消失，好像也表明意识不是连续的。但在我看来，这种从谱系上引起的逻辑和算

《奥义书》封面

术的矛盾，倒是一个正面的证明，因为我觉得这恰恰就是意识同一性的主张实际上为科学（如遗传说）所证实了的地方，因此这种矛盾和整个吠檀多论点联系起来看，也就变得无力了，起码可以说明，把算术运用到这些事情上是极端不可靠的。至于记忆的彻底丧失（这肯定在许多人的内心深处，是这种生理的虚幻不朽性的最可疑的地方），即使不从什么形而上学的角度看它，也可以认为，为了形成这样东西，这块可以用来模塑的蜡一遍又一遍地搓平，是会多么适应呵！而这样东西即使像叔本华所设想的那样，不想被形成，但事实上仍旧在被形成之中。

选自《智慧的灵光——世界科学名家传世精品》，
宋建林主编，改革出版社，1999年。全增嘏译。

我的世界观[①]

爱因斯坦 |

我们这些总有一死的人的命运是多么奇特呀！我们每个人在这个世界上都只作一个短暂的逗留：目的何在，却无所知，尽管有时自以为对此若有所感。但是，不必深思，只要结合日常生活就可以明白：人是为别人而生存的——首先是为那样一些人，他们的喜悦和健康关系着我们自己的全部幸福；然后是为许多我们所不认识的人，他们的命运通过同情的纽带同我们密切结合在一起。我每天上百次地提醒自己：我的精神生活和物质生活都依靠着别人（包括生者和死者）的劳动，我必须尽力以同样的分量来报偿我所领受了的和至今还在领受着的东西。我强烈地向往着俭

① 此文最初发表在1930年出版的《论坛和世纪》（Forum and Century）84卷，193—194页。当时用的标题是《我的信仰》（What I believe）。这里译自《思想和见解》（Ideas and Opinions）8—11页和《我的世界观》（Mein Weltbild）英译本237—242页。

朴的生活。并且时常为发觉自己占用了同胞的过多劳动而难以忍受。我认为阶级的区分是不合理的，它最后所凭借的是以暴力为根据。我也相信，简单淳朴的生活，无论在身体上还是在精神上，对每个人都是有益的。

我完全不相信人类会有那种在哲学意义上的自由。每一个人的行为，不仅受着外界的强迫，而且还要适应内心的必然。叔本华说："人虽然能够做他所想做的，但不能要他所想要的。"[1] 这句话从我青年时代起，就对我是一个真正的启示；在我自己和别人生活面临困难的时候，它总是使我们得到安慰，并且永远是宽容的泉源。这种体会可以宽大为怀地减轻那种容易使人气馁的责任感，也可以防止我们过于严肃地对待自己和别人；它还导致一种特别给幽默以应有地位的人生观。

要追究一个人自己或一切生物生存的意义或目的，从客观的观点看来，我总觉得是愚蠢可笑的。可是每个人都有一定的理想，这种理想决定着他的努力和判断的方向。就在这个意义上，我从来不把安逸和享乐看作是生活目的本身——这种伦理基础，我叫它猪栏的理想。照亮我的道路，并且不断地给我新的勇气去愉快地正视生活的理想，是善、美和真。要是没有志同道合者之间的亲切感情，要不是全神贯注于客观世界——那个在艺术和科学工作领域里永远达不到的对象，那么在我看来，生活就会是空虚的。

① 叔本华这句话的德文原文是："Ein Mensch kann zwar tun, was er will, aber nicht wollen, was er will."

人们所努力追求的庸俗的目标——财产、虚荣、奢侈的生活——我总觉得都是可鄙的。

我对社会正义和社会责任的强烈感觉，同我显然的对别人和社会直接接触的淡漠，两者总是形成古怪的对照。我实在是一个“孤独的旅客”，我未曾全心全意地属于我的国家，我的家庭，我的朋友，甚至我最接近的亲人；在所有这些关系面前，我总是感觉到有一定距离，并且需要保持孤独——而这种感受正与年俱增。人们会清楚地发觉，同别人的相互了解和协调一致是有限度的，但这不足惋惜。这样的人无疑有点失去他的天真无邪和无忧无虑的心境；但另一方面，他能够在很大程度上不为别人的意见、习惯和判断所左右，并且能够不受诱惑要去把他的内心平衡建立在这样一些不可靠的基础之上。

我的政治理想是民主。让每一个人都作为个人而受到尊重，而不让任何人成为崇拜的偶像。我自己受到了人们过分的赞扬和尊敬，这不是由于我自己的过错，也不是由于我自己的功劳，而实在是一种命运的嘲弄。其原因大概在于人们有一种愿望，想理解我以自己的微薄之力，通过不断的斗争所获得的少数几个观念，而这种愿望有很多人未能实现。我完全明白，一个组织要实现它的目的，就必须有一个人去思考，去指挥，并且全面担负起责任来。但是被领导的人不应当受到强迫，他们必须有可能来选择自己的领袖。在我看来，强迫的专制制度很快就会腐化堕落。因为暴力所招引来的总是一些品德低劣的人，而且我相信，天才的暴君总是由无赖来继承，这是一条千古不易的规律。就是这个缘故，我总是强烈地反对今天我们在意大利和俄国所见到的那种制度。像欧洲今天所存在的民主形式受到怀疑，不能归咎于民主原则本身，而是由于政府的不稳定和选举制度中与个人无关的特征。我相信美国在这方面已经找到了正确的道路。他们选出了一个任期足够长的总统，他有充分的权力来真正履行他的职责。另一方面，在德国的政治制度[①]中，我所重视的是，它为救济患病或贫困的人作出了比较广泛的规定。在人生的丰富多彩的表演中，我觉得真正可贵的，不是政治上的国家，而是有创造性的、有感情的个人，是人格；只有个人才能创造出高尚的和卓越的东西，而群众本身在思想上总是迟钝的，在感觉上也总是迟钝的。

讲到这里，我想起了群众生活中最坏的一种表现，那就是使我厌恶的军事制

爱因斯坦在这里表达了鲜明的个人主义观点，他厌恶让人失去个性的集体主义形式，在中学里他就极度反感军训。

① 指1918年第一次世界大战结束时建立，1933年被希特勒推翻的“魏玛共和国”。本文最初发表时用的不是“德国的政治制度”，而是“我们的政治制度”。

度。一个人能够洋洋得意地随着军乐队在四列纵队里行进，单凭这一点就足以使我对他轻视。他所以长了一个大脑，只是出于误会；单单一根脊髓就可满足他的全部需要了。文明国家的这种罪恶的渊薮，应当尽快加以消灭。由命令而产生的勇敢行为，毫无意义的暴行，以及在爱国主义名义下一切可恶的胡闹，所有这些都使我深恶痛绝，在我看来，战争是多么卑鄙、下流！我宁愿被千刀万剐，也不愿参与这种可憎的勾当。[①] 尽管如此，我对人类的评价还是十分高的，我相信，要是人民的健康感情没有被那些通过学校和报纸而起作用的商业利益和政治利益蓄意进行败坏，那么战争这个妖魔早就该绝迹了。

我们所能有的最美好的经验是奥秘的经验。它是坚守在真正艺术和真正科学发源地上的基本感情。谁要是体验不到它，谁要是不再有好奇心也不再有惊讶的感觉，他就无异于行尸走肉，他的眼睛是迷糊不清的。就是这样奥秘的经验——虽然掺杂着恐怖——产生了宗教。我们认识到有某种为我们所不能洞察的东西存在，感觉到那种只能以其最原始的形式为我们感受到的最深奥的理性和最灿烂的美——正是这种认识和这种情感构成了真正的宗教感情。在这个意义上，而且也只是在这个意义上，我才是一个具有深挚的宗教感情的人。我无法想象一个会对自己的创造物加以赏罚的上帝，也无法想象它会有像在我们自己身上所体验到

① 1933 年 7 月以后，爱因斯坦改变了这种绝对的反战态度，积极号召反法西斯力量武装起来，对抗法西斯的武装侵略。

爱因斯坦在这里表达了他著名的与众不同的宗教观。

的那样一种意志。我不能也不愿去想象一个人在肉体死亡以后还会继续活着，让那些脆弱的灵魂，由于恐惧或者由于可笑的唯我论，去拿这种思想当宝贝吧！我自己只求满足于生命永恒的奥秘，满足于觉察现存世界的神奇的结构，窥见它的一鳞半爪，并且以诚挚的努力去领悟在自然界中显示出来的那个理性的一部分，即使只是其极小的一部分，我也就心满意足了。

选自《爱因斯坦文集》第三卷，
许良英等编译，商务印书馆，1979年。

诊断地球

——艺术与科学的展望

奥本海默 |

| 导读 |

奥本海默（Robert Oppenheimer, 1904—1967）出生于美国纽约，1922年进哈佛大学，1925年毕业。其后先到英国剑桥大学卡文迪什实验室读研究生，接着到德国哥廷根大学，在玻恩指导下于1927年获哥廷根大学博士学位。1928年到1942年在加利福尼亚理工学院任教和做研究工作。1942年负责筹组属于曼哈顿计划的洛斯阿拉莫斯实验室，次年任该实验室主任。1946年到1966年任普林斯顿高级研究所所长。

奥本海默是理论物理学家，在1930年指出狄拉克电子理论中的“空穴”不是质子，而应是质量与电子相同的一种带正电的新粒子，这一想法为寻找正电子指引了方向。奥本海默后来又与别人合作，提

奥本海默

出了中子星的质量上限，即奥本海默极限。1939年他还根据广义相对论提出了有关黑洞的初步理论，但是这一研究被“二战”打断。

奥本海默还是科学组织家，作为美国研制原子弹的“曼哈顿计划”的主要技术负责人，他组织领导了一大批世界著名的物理学家，研制成首批原子弹，被称为“原子弹之父”。“二战”以后，他反对美国制造氢弹，主张原子能的和平利用，因此受到麦卡锡主义者的迫害（即所谓奥本海默案件）。

“艺术与科学的展望”这句话，对我而言，有两种完全不同的意义：一种是预言，即科学家发现了什么，画家描绘的是什么，何种新形式改变了音乐，经验中的哪一部分重新成为客观描写的对象；而另一种是眺望，即我们眺望今日世界，与往昔加以比较时，会发现什么。我不是预言家，因此关于第一个问题，虽想就种种意义加以陈说，也不太可能说得圆满。现在想谈的是第二个问题，眺望对我而言有很大的价值，非常新鲜且具魅力，值得我去深究。虽然不能借以预言未来，但对创造未来、型制未来大有裨益。

在艺术或科学的范畴内，能做个预言者当然很幸福，能预知未来也很愉快。我想先讨论一下我个人在物理学及与此相近的自然科学方面的研究分野。目前，对自然科学家自问自答的一些问题予以概观认识，并不十分困难。在物理学方面会有这样的问题：物质是什么？由何组成？将物质细分成微粒或受激烈之外力创造出新成分时，它会有什么作用？而化学家会问：使生命具永续性与可变性的特殊要素——核酸与蛋白质究竟是什么？它们如何利用精密的排列、化学作用、反作用与制御来制造生物的异种细胞，而且担当许多机能（例如经由神经系统发挥传递作用、利用头发来包围保护头部等），记录发生的事，再将它们从意识表面隐退并在需要时想起？这些在脑部究竟是如何作用的？可能意识到的物理性质是什么？

根据历史的教训，在急于思考这类问题并获得解答之前，问题本身似乎已经变形，并与其他问题对调了，进而发现过程本身也粉碎了我们记述"谜语"时所用的概念。

在文化问题中，正确地说，在艺术与科学的问题中，有人认为已看到一种巨视的历史型，即一种决定文明的方向、对未来展开具有不可避免性的庞大体系。例如，他们认为半个世纪以来最具音乐特色的急进（或形式上）的实验是自然科学丰盈开展的必然这种不合奥本海默口味的“巨视的历史型”还颇有后现代风格，把科学与艺术作这样的穿凿附会看来不是什么新鲜事。

结果。此外，他们又从音乐革新每每先于诗之革新的事实中发现了必然的顺序，指出往昔文化中类似的连锁性。他们也许会将艺术上形式实验的原因归之于工业、技术社会中权威的崩解——世俗与政治权威、教会普遍权威的崩解。他们由此整顿起预言未来的武器。但这些看法似乎不合我的口味。

如果展望并非预言，那么，它是眺望。如何观看艺术与科学的世界，有两种不同的见解。一种是骑马或徒步、访乡问舍式的旅人眺望。这种方式亲密但有所偏，并具偶然性，受到旅行者本身生活范围、能力与好奇心的制约。另一种是空中鸟瞰式的眺望，就某种意义而言，这种展望比较安全，可以看到知识的所有部分与一切艺术，而且能将之视为地球上人类生活庞大而复杂的部分。可是，这种方式也忽略了许多东西，人类生活中大部分的美的温暖都会在这种展望中丧失。

在广阔的高空鸟瞰中，我们看见现代最可怕的量性，其中充满科学的分类表、基金、研究室与书本。而且可从其中认识，有前所未有的多数人正从事于科学研究，也知道苏联与自由世界正在尽力培养科学家。在英国可知，美国出版了许多书刊，几乎人手一册，而且在斯堪的纳维亚，在美、英各国，社会科学正急速进展，有较多的人在倾听过去伟大的音乐，并制作更多的新音乐，画出更多的画，艺术与科学正欣欣向荣。这样的大地图给我们许多启示，它显示出文化与生活、场所与传统、技术与语言的多样性。但这幅具有世界规模与文化广角的远距离大地图也有一个奇异的面，这里有无数乡村，村与村间的小路，从高空无法看到，处处都是高速公路经过或穿过村庄，汽车以风速沿村行走，高速公路如网密布，不知始于何处、终于何方，看来不但与村庄毫无关联，而且简直在故意扰乱村庄的宁静。这种眺望不会给我们任何秩序感或统一感，要发现秩序与统一，必须亲自访问村庄、寂静或忙碌的场所、研究室、书斋、工作室等，我们必须找到可以相信的小道，必须了解高速公路及其危险。

在自然科学中，当前正是英雄的时代，今后势必也是。新的发现接踵而来，每一种都提出问题也解答问题，当一段长期的探究终结时，又给下一个新的探究提供了新武器。这些发现中含有一种激进的见解：将知识与数十、数百年间越来越专门化而难以新近的经验结合起来。也有一种教训：人类从自然现象中所获的种种共同经验，尽管多彩多姿，但仍要受到限制。同时也有暗示与类推，显示出人对人的经验也同样受到限制。所有的新发现都是深入新领域及从事更深研究的科学工具。知识的发现可以丰富实际的技术，也会提供观察与实验的新可能。

不论在任何科学领域内，从事研究的工作者都能彼此调和，他们也许以个人身份从事工作，但可由阅读及讨论中获知同事们的工作进展情况。在需要集体合作时，个人也会以团体的一员加入工作。不论他加入团体或独自在书房工作，作为专家，个人永远是某一共同体的一员。同一科学领域内的同事，对于其中之一具有创造或独创性的见解，会表示感谢，并欢迎他的批评，他的世界及工作成绩将客观地被传达，即使有误，他也相信这种错误不会经常出现。在他个人的工作领域中，在生活世界里，共同的理解常与共同的目的与兴趣相连，并以自由与合作的方式将人与人联结在一起。

这些经验使他自觉到生活的受局限、不合适而且昂贵，在他与广大社会的关联中，共同体意识也许并未能获得客观的理解。回到实际工作时，他会时时感觉到自己与艺术家、实务者及其他分野的科学家之连带感。在最文明的社会中，最前线的科学已因长年累月的研究、专门化用语、技能、技术、知识等，而与共同的文化遗产分离。在这类科学前线工作的人多半都远离家乡，也远离实际技术的母体及起源。今日的艺术亦复如此。

科学专门化是进步必然的结果，但其中充满危险而且极端浪费，因为许多美丽光辉的事物都与大部分的世界远离。作为一个科学家，其基本任务是发现新的真理，传达给同事，以及用最诚实易解的方式将新知识解释给想知道的人听。这是科学家经常隶属于大学的一个理由——根本理由，也是以科学受大学保护为最恰当形式的理由。在大学中，在研究者集聚之处，师生间的友谊最可缓和科学生活的狭隘性，也可以看见科学新发现的类比、洞察、调和渗入人类更广阔生活中的道路。

科学的专门化是科学进步的必然结果。科学各学科门类之间的距离都越来越远，科学与艺术的分离是否也是大势所趋呢？

现代艺术家的处境，也有与科学家类似及不同之处。但就艺术家而言，仅仅他所属的艺术风格为众所知是不够的，彼此间的同僚意识、理解与鉴赏也许可以给他鼓励，但并非他工作的目的与本质。艺术家所依存的是共感、文化、象征的共同意义与经验，以及以共同方法记述、解释文化的共同体。他无须为所有人撰写、描绘或演奏。但他的听众必须是人，既然是人，那就不只是同行的专门化集团了，在今天要做到如此非常困难。艺术家常因没有他所归属的社会而深受孤独之苦，他涂上颜色，使之调和，并欲加以描述的传统、象征与文化，都已在变动的世界中崩溃了。

此外，还有一种人工听众，想努力调和艺术家及其工作的世界。这种人工听众即艺术批评家、介绍者与宣传家。正如科学的介绍者、支持者所做的一样，批评家在当前世界中也扮演了不可缺少的角色，他们使艺术家与世界沟通，并导进若干秩序。但，他们不能增加多少艺术家及其同行间存在的亲密性、直接性与深刻性。

在证明艺术家之孤独的事物中，有一种是人类生活中非常可怕的干涸。批评家们剥夺了人类生活中悲伤、奇异、喜悦与愚笨的光辉，而代之以稳健与洞察。这些感情常会提供往昔艺术与人生相近的记录，也许，部分已因技术方法的大跃进而减损，事实上也正是如此。甚至在适合作为现代创作、绘画与作曲之主题时，仍不能有助于艺术家与大家的沟通，因为艺术家总想给这太广阔、混乱的社会以意义与美。

我们的世界在某一重要意义上是个新世界，其中知识的统一，人类共同体的本质，社会、思想的秩序，社会与文化概念的本身都在变动，大概不会回归到过去本然的状态，新事物之所以为新，并非因为前所未有，而是因为质素上的变化。新事物之一就是需要的大变化。在一世代中，我们不断在消化、推翻并补充以往一切对自然界的知识，我们为此而生，其中成长的技术也不断增广、细化。结果，全世界皆由讯息连接，也为专制政治的庞大渣滓所阻。世界成为一体，具有单一性格，这是新的一面。换言之，对边远地区各类民族之知识与共鸣，在实际问题上，将大家互相连接的枷锁，以及我们视他们为同胞的信赖，都是新的。此外，信仰、祭祀、世俗秩序等权威之广泛腐败与崩溃，也是这个世界新的一面。这是我们生长的世界，由此显示的难题则来自理解、技术与力的发展。徒然非难使我们与过去分离的变动是无谓的，就深一层的意义而论，我认为这正是我们之所想。我们需认识变化，更需要寻找适应的对策。

再谈到学校与大学。就这一点而论，科学家与艺术家、历史家所遭遇的难题并无不同，他们需要成为社会的一员，而社会缺少他们，也难免会遭受损失与危险。因此，当我们看到创造性艺术家与大学彼此相处时，深感兴趣也充满希望。作曲家、诗人、剧作家及画家需要大学给予他们容忍、理解与教区的保护，使他们免于受人际关系及职业地位的压迫，这种现象已逐渐受到大众的承认。在大学中，艺术家所具的直观与美已植根于社会，一种亲密感与人性的枷锁也使他们与保护者的关系密切起来。此外，大学本来就是个人得以重塑的场所，而且由于交友及团体生活的经验，人们可以向未知的科学与艺术领域打开眼界，人类生活中关系疏离，似乎难以并存的各部门也可在此找到调和与综合，大学就是这样的场所。

概略言之，这些是我们漫步于艺术与科学之村，注意到村与村间的通路何其细狭，村中的工作给外人分得的理解与喜悦又何其少时，我们所仅知的一点事物。

高速公路于事无补。它们连接小亚细亚的沙漠到组织化的营业戏院——一切集团机构。它们将艺术、科学与文化传达给民众，促进人性与艺术、科学的连接，使我们忆起远地的饥馑、战争、问题与改变。这辽阔的大地与复杂的民族借此结合为一，今日的话题与歌咏、发现与奖赏借此传遍全球而引起反响。可是，它们同时也是把真正的人间社会、人与人之了解、邻人间的感情、学生之学诗、女性的舞蹈、个人的好奇及个人对美之感受，均借此转化为干燥无味的手段，也使门外汉被动欣赏艺术家与科学家的成绩，因而摆出非人的面孔。

这世界不可避免地势必继续开放、继续折中，这就是真相。我们对个人已知道得够多，为了共同生活，必须容忍各种各样的生活方式，历史与传统——说明人生的手段——是我们之间的枷锁，也是障碍。我们的知识互相结合也互相分离，我们的秩序互相连接也互相崩解，我们的艺术使我们连接也使我们疏离。艺术家的孤独、学者的失望、科学家的偏颇，是这个伟大变动期的不自然象征。

我们所提出的问题并不简单，认识的非可逆性引出了世界开放性的特色，我们不能对新发现视若无睹，不能对未知者的声音充耳不闻。东方伟大的文化，由于大海、无知与亲密性的缺乏，以致无法了解而与我们隔离，但这是不正确的说法，以作为一个学者的知识与作为一个人所具的人性，都不允许我们如此，在这开放的世界里，东方的所有，应该去认识。

这不是新的问题，在今日以前早已发生，同样有不能动心的感觉，无法融入一个综合体系的深沉信念。但，在今日以前，多样性、复杂性与丰裕性从未如此明确地拒绝圣职政治的秩序与单纯，而且也没有一个时代像今天一样。必须承认，自由的唯一途径是理解难以并立的各种生活模式，并从中加以选择。也没有像今天一样，古老的亲密、琐屑、真正的艺术或技术的统合、幽默、美之保存等，与生活程度之辽阔、地球之广大、人与人间之异质、模式之不同、全面之黑暗，构成如此巨大的对比。

这是一个依傍近物，依傍自己所知、所能之事，以及依傍友人、传统与爱的世界。因为我们每个人都想知道自己能力的界限，知道浅薄的毒害与疲劳的威胁，也想逃入混乱之世界中，崩解为一个既不知亦不行的人。但同时，在这世界里，对任何无知、麻木与冒失，也没有人能提出宗教的宽容与普遍的承认。即使友人告诉我们新的发现，我们也许不会了解；在工作上没有遭遇危机时，甚至不耐倾听。可是，在书籍与经典中都找不到允许我们无知的根据，而且也不该去找。如果有人和我们想法不同，或对美丑的看法不一致。我们会以精神疲累或感觉麻烦而离去，这是我们的弱点与缺陷。如果我们不断地意识到这世界与人类都远比我们伟大，而以此当作过重的负荷，那么，也许会把只求认识、不求慰藉当作道德的尺度，而不会断言：我们能力之界限，正与我们人生、学识与选择美之特殊智慧相对应。

平衡的20世纪（无限开放与有限亲密间这不安定、不可能的平衡时代）已经来了一段很长的时间，这是我们和我们的孩子唯一的道路。

艺术家与科学家有特殊的问题与特殊的希望，在他们极其不同的方法及逐渐繁杂的生活中，仍然有连带与类似的意识。无论科学家或艺术家，经常都环绕于神秘边缘或生活在神秘之中。他们尽力调和新奇，给新奇与综合间带来平衡，将整体混沌赋予部分的秩序。他们在工作中能够助己、互助并且助人，他们将艺术与科学之村，整个世界结合之道，当作世界共同体多样性、富变化之宝贵枷锁。

这不是简单的生活，为了心灵的开放，为了不失去兴趣，为了保存美感及孕育美感的能力，我们只有苦思，并尽力在我们的村子里保护这些庭院，保存繁复的通道，使它们在寒风凛冽的开放世界中，能继续生长、繁荣。这是人的条件，在这条件之下，我们因为互爱，故能互助。

该文是奥本海默 1955 年在哥伦比亚大学 200 周年纪念会上的演讲词，黎蕴志译。选自《廿世纪命运与展望》，志文出版社，1977 年。

科学的普遍性与国际合作

卡洛·卢比亚 |

| 导读 |

卢比亚（Carlo Rubbia，1934— ）出生于意大利小城戈里齐亚（Gorizia），曾就读于比萨大学，获博士学位。1958 年到美国哥伦比亚大学进行高能物理研究。1960 年回到罗马大学。1962 年被任命为位于日内瓦的欧洲粒子物理研究所高级研究人员。1970 年被聘为美国哈佛大学物理学教授，此后往返于哈佛和欧洲粒子物理研究所之间进行教学和研究。

卢比亚对电弱相互作用感兴趣。为验证弱相互作用是通过超重的粒子 W 和 Z 传递的这一猜想，1976 年他利用欧洲粒子物理研究所的大型粒子对撞机提出了一个实验设想，荷兰物理学家范德梅尔（Simon van der Meer）具体设计了实验。他们在 1981 年首次进行对撞实验，1983 年宣布发现了弱相互作用的传递场粒子 W^+、W^-

和 Z^0。由于这一重大贡献，两人于 1984 年共同获得诺贝尔物理学奖。

现代科学方法问世于 17 世纪的伽利略时代，然而，只是到了 18 世纪后期和 19 世纪之初，自然科学才得以迅速发展。

在此期间，被公认为促进了这一过程发展的，是一些大学中少数出类拔萃的科学家，他们的影响迅速而广泛地遍及整个欧洲。这一发展，在很大程度上是基于如下的事实——修业于各自选择的大学里的年轻学者们打破了国家界线——从伦敦、巴黎到圣彼得堡，从厄普萨拉到波洛尼亚，形成了早期国际性合作的雏形。与此同时，西方的工业化也在 19 世纪得到了发展。科学与新兴工业之间的联系慢慢地在增加。其中最早的例子是称为 19 世纪“高技术”的德国化学工业，当时已为国际领先。这一发展经历，同时也使德国成为一个最早由政府参与创办较大规模研究机构的范例。他们扩充了大学教育系统，建立了恺撒·威尔海姆研究院，即今日人们

马普所由近 80 个科研院所组成，涵盖了自然科学、社会科学、艺术和人文学科基础研究。

所知的马克斯·普朗克研究院。该院即建于1911年。

表明20世纪第一个25年间欧洲科学力量的例证之一，是在总共71位诺贝尔物理学、化学和医学奖获得者中，有68位是欧洲的科学家。

20世纪第二个25年间欧洲发生的灾难性事件，以及这一事件对科学活动的种种影响，这里就不必赘述了。然而，正是在第二次世界大战期间以及其后的年代里，人们终于普遍地认识到，科学对民用和军用产业的发展所产生的至关重要的作用。

美国政府迅速增加了对大规模自然科学和生物医学研究的支持。据估计，大战结束后不久，美国的科研预算已达当时全世界研究经费总额的一半。这些财力物力投资，加上这个国家的幅员辽阔和科学家们充分的自由交往和自由流动，使得美国在20世纪第三个25年期间在许多科学领域内成就卓著。

毫无疑问，能够表明这一事实的例证，可以再次从诺贝尔奖获得者的国籍上看出。在20世纪第一个25年中，物理学、化学和医学的71位获奖者中，只有3个是美国人。而在1955年到1980年的25年间，150位诺贝尔奖获得者中有82位是美国公民——其中许多人原先是从欧洲极权政府的恐怖中来美国寻求自由的。

在其他工业化国家以及许多发展中国家里，也一直存在着类似的情形。但与美国相比，只是发展得慢一些。但是，在同一期间，一种新型的、具有革命性的进行基础研究的方法已扎根于古老的欧洲大地，在经历了战争的创伤之后，倔强地形成了新的特色：强有力的科学合作国际化运动——这一观念在当今如此流行——而在当时根本无人知晓。其中一个突出的例子是CERN，即设在日内瓦的欧洲核子研究组织。该机构成立于1954年，支持着众多在基本粒子领域内从事研究的科学工作者。

在许多其他学科领域里，如气象学、天文学、核聚变以及空间科学领域里，也同样存在着全球规模的科学合作。利用这种方法，全球范围内最优秀的科学专家们便可以开展有效的合作，以解决人类在发展过程中出现的较为难以解决的问题。同时，联合国系统也会以一种无可争议的和具有建设性的方式加以扩展。

上述研究计划的经费是依照自愿的原则由30个国家捐款资助的。我们听说，美国在中断几年之后，最近已决定恢复对该项计划提供资助，这的确是一件令人快慰的事。

我相信，所有这些都是以不同形式开展国际合作的良好典范。作为世界较大多数人民和平与繁荣的先决条件，规模日益扩大的民用研究也正逐步采用国际合作与谅解的方式进行。说真的，国际合作似乎也终于对诺贝尔委员会这层人产生了影响。

在过去某段时期，诺贝尔奖最大部分的得主是德国人。1976年——例外的一年，诺贝尔奖的得主全部来自美国。但过去几年的情形，在诺贝尔基金会成立以来也是史无前例的：从来没有那么多的科学家来自那么多不同的国家。再者，物理学是国际性联系最大的学科，过去五年间，有十分之七的诺贝尔奖获得者是在国际性组织中做出他们的发现的。那么，这是不是可以表明一种发展趋势，或者只是一种数年后会消失的统计上的波动呢？我认为，在科学上，这是一条崭新的、今后会越来越明朗的路子。这并非是偶然现象，而是一条将来会占主导地位的、崭新而重要的路子。但是，为什么我们要在基础科学领域里开展国际合作呢？国际合作的必要性常常可以从资金的角度予以正当的解释，即有必要分担为建造许多大型设施所需要的大笔投资。这一点是十分明显的，但也并非是以国际合作为基础的研究工作取得杰出成就的唯一原因。

对于使有组织的研究工作扩大到国际规模来说，还有另外两个更为重要的原因。

原因之一，即我所称谓的"人的因素"。基础研究的进步在很大程度上是由于"波动性"所致，即由于智能的突破而产生的突然变化。没有这种"触发"因素，纵使投资强度再大，也不会收到相应的效果。在科学上，一个具有独一无二、创新思想的人，可以比千百个做较为常规研究的科学家能取得更大的进展——当然，尽管后者对于以最快的速度进展是不够的，但同样也是需要的。像在艺术、音乐等领域一样，成就卓著的科学家有赖于特殊的天赋。大自然对这些人物的造就非常缓慢、非常吝啬，而且是恒速不变的。科学家必须更好地处理自然天赋与正规、广泛专业训练的关系。天才科学家的数目不可能依照命令而增加，只有当科学家所在群体里的科学训练能恰如其分地提供他们所需要的基础训练时，天才科学家才会自然而然地得到发展。这就是在当今世界的一些国家，包括许多发展中国家里所出现的情形。

“集体效应”的一个典型例子就是剑桥大学的教授免费午餐制度。这顿午餐与其说是教授们的权利，还不如说是他们的义务。他们有义务出席这个为不同专业的教授们提供交流场所的午餐。

我所要谈到的第二个原因，是我所称谓的“集体效应”。这种非线性的效应极大地促进了科学的进步。当许多不同类型科学家相互密切地联系在一起的时候，科学进步的速度就会加快。这种进步在不同学科的“交叉地带”尤为活跃，例如把化学上的某个想法施用于生物学，把数学上的某一观念施用于物理学，等等。换句话说，在同一处工作的100名专业稍有不同的科学家，可以说要比同样是这100名科学家，但工作在分散的、相互隔离的环境中进步得更大一些、更快一些。这是创新型科学思维的基本特征。例如，在过去一百多年中，绝大多数科学进步一直与大学联系在一起，其主要原因之一就在于此——大学是许多不同专业学者的荟萃之地。目前，产业界也注意到了这一点在其自身的研究和开发活动中的重要性。因此，对于现代科学活动的规模，利用最佳的思想和提供适宜的“熔炉”，已经可以在国际上很好地得以实现。但应该说明的是，长期以来，科学国际化过程一直在以隐蔽的形式发展着，而我们今天所要落到实处的，只是有必要使原有的这一过程变为一种更加完善、更加系统的制度。

我相信，科学研究难度的日益增加正迫切要求采取新的步骤，以保证国际性交往向更有组织、更有计划的机制迈进。只有这样，人们才会确信，有可能表现为人力资源中的全部自由能量才能有效地在友好国家更为广泛的合作组织内部沟通。这种扩展了的合作形式，必须加强而不是限制该系统内科学家的思想交流和自由流动；必须鼓励促进科学，而不是试图官僚主义地加以利用。社会的首要责任，是要把科学群体置于最有效的环境之中，以产生出新的知识。这一点，对于整个人类的进步，特别是对于西方国家的进步都是极为重要的。当前，这不可避免地依赖于日益有组织的科学合作。新、老大陆之间已建立了长期持久的纽带关系。近年来，一支新的方面军已开始发挥日益增大的作用。在锐不可当地要求改善生活水准和在世界经济中发挥新的、强有力作用的驱使下，现代的日本和其他东方国家正在兴起。在我们看来，未来是属于那些知道如何洞察和区分美与丑神秘界线的人们。这一哲理在过去造就了许多伟大的文明，同时也是我们西方人观察世界的基本方法。我相信，随着相互之间更好地了解，我们对日本人民的成就所持的态度也会相应地改变。只有经过我们之间更为密切的联系，经过“三角世界”真正的通力合作（在合作中，美国、欧洲、日本也将能加强其各自的联系），人们才将有能力规划出21世纪的基本蓝图，描绘

出这个星球所有文明民族之间国际合作的更加宏伟的画图。

下一个世纪的未来是属于你们的，你们大家会有一个更加美好的世界——带着这种愿望，我结束我的这次演讲。

选自《智慧的灵光——世界科学名家传世精品》，
宋建林主编，改革出版社，1999 年。

公众的科学观

霍　金 |

不管我们喜欢不喜欢，我们生活其中的世界在过去100年间遭受到剧烈的变化，看来在21世纪这种变化还要更厉害。有些人宁愿停止这些变化，回到他们认为是更纯洁单纯的年代。但是，正如历史所昭示的，过去并非那么美好。过去对于少数特权者而言是不坏，尽管甚至他们也享受不到现代医药，妇女生育是高度危险的。但是，对于绝大多数人，生活是肮脏、野蛮而短暂的。

无论如何，即便人们向往也不可能把时钟扳回到过去。知识和技术不能就这么被忘却。人们也不能阻止将来的进步。即便所有政府都把研究经费停止（而且现任政府在这一点上做得十分地道），竞争的力量仍然会把技术向前推进。况且，人们不可能阻止头脑去思维基础科学，不管这些人是否得到报酬。防止进一步发展的唯一方法是压迫任何新生事物的全球独裁政府，但是人类的创造力和天才是如此之顽强，即便是这样的政府也无可奈何。充其量不过把变化的速度降低而已。

如果我们都同意说，无法阻止科学技术去改变我们的世界，至少要尽量保证它们引起在正确方向上的变化。在一个民主社会中，这意味着公众需要对科学有基本的理解，这样作出决定才能是消息灵通的，而不会只受少数专家的操纵。现今公众对待科学的态度相当矛盾。人们希望科学技术新发展继续导致生活水平的稳定提高，另一方面，由于不理解而不信任科学。一位在实验室中制造佛朗克斯坦机器人的发疯科学家的卡通人物便是这种不信任的明证。这也是支持绿党的一个背景因素。但是公众对科学尤其是天文学兴趣盎然，这可从诸如《宇宙》电视系列片和科学幻想对大量观众的吸引力中看出。如何利用这些兴趣向公众提供必需的科学背景，使之在诸如酸雨、温室效应、核武器和遗传工程方面作出真知灼见的决定？很清楚，根本的问题是中学基础教育。可惜中学的科学

公众对科学的不信任可能源于这样一个心理背景：公众没有机会或没有能力参与科学研究，因此对科学不理解。而不理解往往导致不信任——理工科专家在面对人文学术时也经常有同样的心理问题。

教育既枯燥又乏味。孩子们依赖死记硬背蒙混过关，根本不知道科学和他们周围的世界有何关系。此外，通常需要方程才能学会科学。尽管方程是描述数学思想的简明而精确的方法和手段，但大部分人对此敬而远之。当我最近写一部通俗著作时，有人提出忠告说，每放进一个方程都会使销售量减半。我引进了一个方程，即爱因斯坦著名的方程，$E = mc^2$。也许，没有这个方程，我能多卖出一倍数量的书。

科学家和工程师喜欢用方程的形式表达他们的思想，因为他们需要数量的准确值。但对于我们中的其他人，定性地掌握科学概念已经足够，这些概念只要通过语言和图解而不必用方程即能表达。

人们在学校中学的科学可提供一个基本框架。但是现在科学进步的节奏如此之迅速，在人们离开学校或大学之后总有新的进展。我在中学时从未学过分子生物学或晶体管，而遗传工程和计算机却是最有可能改变我们将来生活方式的两种发展。有关科学的通俗著作和杂志文章可以帮助我们知悉新发展，但哪怕是最成功的通俗著作也只为人口中的一小部分阅读。只有电视才能触及真正广大的观众。电视中有一些非常好的科学节目，但是还有些人把科学奇迹简单地描述成魔术，而没有进行解释或者指出它们如何和科学观念的框架一致。科学节目的电视制作者应当意识到，他们不仅有娱乐公众而且有教育公众的责任。

在最近的将来，什么是公众在和科学相关的问题上应作的决定呢？迄今为止，最紧急的应是有关核武器的决定。其他的全球问题，诸如食物供给或者温室效应则是相对迟缓的，但是核战争意味着地球的全人类在几天内被消灭。冷战结束带来的东西方紧张关系的缓解表明，核战争的恐惧已从公众意识中退出。但是只要还存在把全球人口消灭许多遍的武器，这种危险仍然在那里。苏联和美国的核武器仍然把北半球的主要城市作为毁灭目标。只要电脑出点差错或者掌握这些武器的人员不服从命令，就足以引发全球战争。更令人忧虑的是，现在有些弱国也有了核武器。强国的行为相对负责任一些，但是一些弱国如利比亚或伊拉克、巴基斯坦甚至阿塞拜疆的诚信度就不够高。这些国家能在不久获得的实际的核武器本身并不太可怕，尽管能炸死几百万人，这些武器仍然是相当落后的。其真正的危险在于两个小国家之间的核战争会把具有大量核储备的强国卷进去。

公众意识到这种危险性，并迫使所有政府同意大量裁军是非常重要的。把所有核武器销毁也许是不现实的，但是我们可以减少武器的数量以减轻危险。

如果我们避免了核战争，仍然存在把我们消灭的其他危险。有人讲过一个恶毒的笑话，说我们之所以未被外星人文明所接触，是因为当他们的文明达到我们的阶段时先把自己消灭。但是我对公众的意识有充分的信任，那就是相信我们能够证明这个笑话是荒谬的。

选自《智慧的灵光——世界科学名家传世精品》，
宋建林主编，改革出版社，1999年。

霍金的意义：上帝、外星人和世界的真实性

江晓原　穆蕴秋 |

| 导读 |

本文从新的视角考察了霍金最近发表的两条引起媒体极大兴趣的言论：关于宇宙是不是上帝创造的，关于我们要不要和外星文明交往，以及他另一个不太受关注的“依赖模型的实在论”观点，得出结论认为霍金在这些重要问题上其实并没有提供新的立场，只是完成了“站队”，但由于他的“科学之神”的传奇身份和影响，霍金却能通过老生常谈为人类作出新的贡献。本文还认为，霍金的新作《大设计》可能是他最后的学术“遗嘱”。

科学之神的晚年站队

一个思想家，或者说一个被人们推许为、期望为思想家的人——后面这种情形通常出现在名人身上，到了晚年，往往会

有将自己对某些重大问题的思考结果宣示世人、为世人留下精神遗产的冲动。即使他们自己没有将这些思考看成精神遗产，他们身边的人也往往会以促使“大师”留下精神遗产为己任，鼓励乃至策划他们宣示某些思考结果。史蒂芬·霍金（Stephen Hawking，1942—2018）就是一个最近的例子。

霍金最近发表了——也可能是他授权发表，甚至可能是“被发表”——相当多听起来有点耸人听闻的言论，引起了媒体的极大兴趣。而媒体的兴趣当然就会接着引发公众的兴趣。要恰当评论他的这些言论，需要注意到某些相关背景。

最重要的一个背景是：霍金已经成为当代社会的一个神话。所以任何以他的名义对外界发表的只言片语，不管是真知灼见还是老生常谈，都会被媒体披露和报导，并吸引公众相当程度的注意力。而当霍金谈论的某些事物不是公众日常熟悉的事物时，很多人慑于霍金神话般的大名，就会将他的哪怕只是老生常谈也误认为是全新的真知灼见。

霍金最近言论中有三个要点：一是关于宇宙是不是上帝创造的，二是关于我们要不要主动和外星文明交往，以及他另一个不太受关注却更为重要的“依赖模型的实在论”观点，恰好都属于这种情形，而且有可能进而产生某些真实的社会影响。

上帝不再是必要的

以前霍金明显是接受上帝存在的观点的。例如，在他出版于

霍金坐在轮椅上，全身只有三根手指能够活动，却依然坚持思考着宇宙及人类的未来

1988年的超级畅销书《时间简史》中，霍金曾用这句话作为结尾："如果我们发现一个完全理论，它将会是人类理性的终极胜利——因为那时我们才会明白上帝的想法。"

但霍金现在在这个问题上改变了立场。最近他在新作《大设计》一书末尾宣称：因为存在像引力这样的法则，所以宇宙能够"无中生有"，自发生成可以解释宇宙为什么存在，我们为什么存在。"不必祈求上帝去点燃导火索使宇宙运行"。也就是说，上帝现在不再是必要的了。

科学家认为不需要上帝来创造宇宙，这听起来当然很"唯物主义"，但是确实有许多科学家相信上帝的存在，相信上帝创造了宇宙或推动了宇宙的运行，他们也同样作出了伟大的科学贡献——牛顿就是典型的例子。"上帝去点燃导火索使宇宙运行"其实就是以前牛顿所说的"第一推动"。

这种状况对于大部分西方科学家来说，并不会造成困扰。因为在具体的科学研究过程中，科学家研究的对象是已经存在着的宇宙（自然界），研究其中的现象和规律。至于"宇宙从何而来"这个问题，可以被搁置在无限远处。正如伽利略认识到"宇宙这部大书是用数学语言写成的"，但写这书的仍然可以是上帝。伽利略做出了伟大的科学发现，但他本人仍然是一个虔诚的宗教徒，他的两个女儿都当了修女。虽然教会冤枉过伽利略，但最终也给他平反昭雪了。

科学和宗教之间，其实远不像我们以前所想象的那样水火不相容，有时它们的关系还相当融洽。比如在“黑暗的中世纪”（现代的研究表明实际上也没有那么黑暗），教会保存和传播了西方文明中古代希腊科学的火种。在现代西方社会中，一个科学家一周五天在实验室从事科学研究，到星期天去教堂做礼拜，也是很正常的。

霍金自己改变观点，对于霍金本人来说当然是新鲜的事情，但对于“宇宙是不是上帝创造的”这个问题来说，其实是老生常谈。因为他的前后两种观点，都是别人早就反复陈述和讨论过的。霍金本人在《大设计》中也没有否认这一点，在该书第二章中，霍金花去了不小的篇幅回顾先贤们在这一问题上表达的不同看法。比如书中提到，开普勒、伽利略、笛卡尔和牛顿等人就认为自然法则是上帝的成果。而与这种观点相反的是，后来的法国数学家拉普拉斯则排除了出现奇迹和上帝发挥作用的可能性，他认为给定宇宙在某一时间所处的状态，一套完全的自然法则就充分决定了它的未来和过去。霍金选择站在了后者一边，他说，拉普拉斯所陈述的科学决定论（scientific determinism）是“所有现代科学的基础，也是贯穿本书的一个重要原则”。

但是霍金抛弃上帝，认为宇宙起源可以用一种超弦理论（即所谓 M 理论）来解释的想法，激起了西方一些著名学者的批评。例如，高能物理学家罗塞尔·斯丹德（Russell Stannard）在《观察家报》说：霍金的上述思想是一个科学主义的典型例子。科学主义者通常认为，科学是通往认知的唯一途径，我们将完全理解所有事情，“这种说法是胡说八道，而且我认为这是一个非常危险的说法，这使得科学家变得极其傲慢。宇宙因为 M 理论而自发生成，那么 M 理论又从哪里来的呢？为什么这些智慧的物理定律会存在？”而英国前皇家学院院长、牛津大学林肯学院药理学教授雷迪·格瑞菲尔德（Lady Greenfield）也批评霍金沾沾自喜，宣称科学可以得到所有答案，“科学总是容易自满。……我们需要保持科学的好奇心与开放性，而不是自满与傲慢。”她还批评说：“如果年轻人认为他们想要成为科学家，必须是一个无神论者，这将是非常耻辱的事情。很多科学家都是基督教徒。”

不过在中国公众多年习惯的观念中，总是将科学看作康庄大道，而将宗教信仰视为“泥潭”，所以看到霍金的“叛变”才格外兴奋，以为他终于“改邪归正”了。霍金只是改变了他的选择——有点像原来是甲球队的拥趸，现在改为当乙球队的粉丝了。当然，一个著名粉丝的“叛变”也确实会引人注目。

不要主动和外来文明交往

在第二个问题上，2009 年 5 月份，霍金在发现频道（Discovery Channel）上一档以他本人名字命名的《史蒂芬·霍金的宇宙》（Stephen Hawking's Universe）的节目中表示，他认为几乎可以肯定，外星生命存在宇宙中许多别的地方：不仅仅是行星上，也可能在恒星的中央，甚至是星际太空的漂浮物质上。按照霍金给出的逻辑——这一逻辑其实也是老生常谈，宇宙有 1 000 亿个银河系，每个星系都包含几千万颗星体。在如此大的空间中，地球不可能是唯一进化出生命的行星。

当然，这样的情景只是纯粹假想的结果，但霍金由此提出一个严肃的告诫：一些生命形式可能是有智慧的，并且还具有威胁性，和这样的物种接触可能会为人类带来灾难性的后果。霍金说，参照我们人类自己就会发现，智慧生命有可能会发展到我们不愿意遇见的阶段，“我想象他们已经耗光了他们母星上的资源，可能栖居在一艘巨型太空飞船上。这样先进的外星文明可能已经变成宇宙游民，正在伺机征服和殖民他们到达的行星。”

由于中国公众以前许多年来都只接触到一边倒的观点——讴歌和赞美对外星文明的探索，主张积极寻找外星文明并与外星文明联络，所以现在听到霍金的主张，中国的媒体和公众都甚感惊奇。其实在这个问题上，霍金同样只是老生常谈，同样只是“粉丝站队”。

在西方，关于人类要不要去“招惹”外星文明的争论，已有半个世纪以上的历史。

主张与外星文明接触的科学界人士，从20世纪60年代开始，推动了一系列SETI（以无线电搜寻地外文明信息）计划和METI（主动向外星发送地球文明信息）计划。这样做的主要理由，是他们幻想地球人类可以通过与外星文明的接触和交往而获得更快的科技进步。很多年来，在科学主义的话语体系中，中国公众只接触到这种观点。

“中国天眼”，简称FAST，500米口径球面射电望远镜，世界最大的单口望远镜，接受面积相当于30个标准足球场。理论上说“天眼”能够接收到137亿光年以外的电磁信号，观测范围可达宇宙边缘。科学家相信“天眼”终会有所发现。

而反对与外星文明交往的观点，则更为理智冷静，更为深思熟虑，也更以人为本。半个多世纪以来西方学者在这方面做过大量的分析和思考。比如，以写科幻作品著称的科学家布林（D. Brin）提出猜测说，人类之所以未能发现任何地外文明的踪迹，是因为有一种目前还不为人类所知的危险，让所有其他外星文明都保持沉默——这被称为“大沉默”（Great Silence）。因为人类目前并不清楚，外星文明是否都是仁慈而友好的（卡尔·萨根就曾相信外星文明是仁慈的）。在此情形下，人类向外太空发送信息，暴露自己在太空中的位置，就很有可能招致那些侵略性文明的攻击。

地外文明能到达地球，一般来说它的科学技术和文明形态就会比地球文明更先进，因为我们人类还不能在宇宙中远行，不具备找到另一文明的能力。所以一旦外星文明自己找上门来了，按照我们地球人以往的经验，很可能是凶多吉少。

还有些人认为，外星人的思维不是地球人的思维。它们的文明既然已经很高级了，就不会像地球人那样只知道弱肉强食。但是，我们目前所知的唯一高级文明就是地球人类，我们不从地球人的思维去推论外星人，还能从什么基础出发去推论呢？上面这种建立在虚无缥缈的信念上的推论，完全是一种对人类文明不负责任的态度。

而根据地球人类的经验和思维去推论，星际文明中同样要有对资源的争夺，一个文明如果资源快耗竭了，又有长距离的星际航行能力，当然就要开疆拓土。这个故事就是地球上部落争夺的星际版，道理完全一样。

笔者的观点是，如果地外文明存在，我们希望它们暂时不要来。我们目前只能推进人类对这方面的幻想和思考。这种幻想和思考对人类是有好处的，至少可以为未来做一点思想上的准备。但是从另一个角度来看，人类完全闭目塞听，拒绝对外太空的任何探索，也不可取，所以人类在这个问题上有点两难。我们的当务之急，只能是先不要主动去招惹任何地外文明，同时过好我们的每一天，尽量将地球文明建设好，以求在未来可能的星际战争中增加幸存下来的概率。

对地外文明的探索，表面上看是一个科学问题，但本质上不是科学问题，而是人类自己的选择问题。我们以前的思维习惯，是只关注探索过程中的科学技术问题，而把根本问题（要不要探索）忽略不管。

在中国国内，笔者的研究团队从2008年开始，就已经连续发表论文和文章，论证和表达了同样的观点，比如，发表在《中国国家天文》上的2009年国际天文年特稿“人类应该在宇宙的黑暗森林中呼喊吗？”一文中，我们就明确表达了这样的观点：至少在现阶段，实施任何形式的METI计划，对于人类来说肯定都是极度危险的。

“依赖模型的实在论”——霍金在一个根本问题上的站队选择

前面谈及的，霍金关于宇宙是不是上帝创造的，以及我们要不要和外星文明交往这两个问题上的最新看法，很受中外媒体的关注。其实霍金近来意义最深远的重大表态，还不是在这两个问题上。

在《大设计》中，霍金还深入讨论了一个就科学而言具有某种终极意义的问题——和前面提到的两个问题一样，霍金仍然只是完成了“站队”，并没有提供新的立场。但是考虑到霍金“科学之神”的传奇身份和影响，他的站队就和千千万万平常人的站队不可同日而语了。正是在这个意义上，我们认为霍金在前面两个问题上“有可能用老生常谈作出新贡献”，而在这个我们下面就要讨论的重大问题上，霍金已经不是老生常谈了，因为他至少作出了新的论证。

1. 金鱼缸中的物理学

在《大设计》标题为“何为真实”（What Is Reality？）的第三章中，霍金从一个金鱼缸开始他的论证。

假定有一个鱼缸，里面的金鱼透过弧形的鱼缸玻璃观察外面的世界，现在它们中的物理学家开始发展“金鱼物理学”了，它们归纳观察到的现象，并建立起一些物理学定律，这些物理定律能够解释和描述金鱼们透过鱼缸所观察到的外部世界，这些定律甚至还能够正确预言外部世界的新现象——总之，完全符合我们人类现今对物理学定律的要求。

霍金相信，这些金鱼的物理学定律，将和我们人类现今的物理学定律有很大不同，比如，我们看到的直线运动可能在“金鱼物理学”中表现为曲线运动。

现在霍金提出的问题是：这样的“金鱼物理学”可以是正确的吗？

按照我们以前所习惯的想法——这种想法是我们从小受教育的时候就被持续灌输到我们脑袋中的，这样的“金鱼物理学”当然是不正确的。因为“金鱼物理学”与我们今天的物理学定律相冲突，而我们今天的物理学定律被认为是“符合客观规律的”。但我们实际上是将今天对（我们所观察到的）外部世界的描述定义为“真实”或“客观事实”，而将所有与我们今天不一致的描述——不管是来自金鱼物理学家的还是来自前代人类物理学家的——都判定为不正确。

然而霍金问道：“我们何以得知我们拥有真正的没被歪曲的实在图像？……金鱼的实在图像与我们的不同，然而我们能肯定它比我们的更不真实吗？”

这是一个非常深刻的问题，答案并不是显而易见的。

2. 霍金“依赖模型的实在论”意味着他加入了反实在论阵营

在试图为“金鱼物理学”争取和我们人类物理学平等的地位时，霍金非常智慧地举了托勒密和哥白尼两种不同的宇宙模型为例。这两个模型，一个将地球作为宇宙中心，一个将太阳作为宇宙中心，但是它们都能够对当时人们所观察到的外部世界进行有效的描述。霍金问道：这两个模型哪一个是真实的？这个问题，和上面他问“金鱼物理学”是否正确，其实是同构的。

尽管许多人会不假思索地回答说：托勒密是错的，哥白尼是对的，但是霍金的答案却并非如此。他明确指出：“那不是真的。……人们可以利用任一种图像作为宇宙的模型。”霍金接下去举的例子是科幻影片《黑客帝国》（Matrix，1999—2003），在《黑客帝国》中，外部世界的真实性受到了颠覆性的质疑。

霍金举这些例子到底想表达什么想法呢？很简单，他得出一个结论："不存在与图像或与理论无关的实在性概念"（There is no picture- or theory-independent concept of reality）。而且他认为这个结论"对本书非常重要"。所以他宣布，他所认同的是一种"依赖模型的实在论"（model-dependent realism）。对此他有非常明确的概述："一个物理理论和世界图像是一个模型（通常具有数学性质），以及一组将这个模型的元素和观测连接的规则。"霍金特别强调了他所提出的"依赖模型的实在论"在科学上的基础理论意义，视之为"一个用以解释现代科学的框架"。

那么霍金的"依赖模型的实在论"究竟意味着什么呢？

这马上让人想到哲学史上的贝克莱主教（George Berkeley，1685—1753）——事实上霍金很快就在下文提到了贝克莱的名字——和他的名言"存在就是被感知"。非常明显，霍金所说的理论、图像或模型，其实就是贝克莱用以"感知"的工具或途径。这种关联可以从霍金"不存在与图像或理论无关的实在性概念"的论断得到有力支持。

在哲学上，一直存在着"实在论"和"反实在论"。前者就是我们熟悉的唯物主义信念：相信存在着一个客观外部世界，这个世界不以人的意志为转移，不管人类观察、研究、理解它与否，它都同样存在着。后者则在一定的约束下否认存在着这样一个"纯粹客观"的外部世界。比如"只能在感知的意义上"承认有一个外部世界。现在霍金以"不存在与图像或理论无关的实在性概念"

的哲学宣言，正式加入了“反实在论”阵营。

对于一般科学家而言，在“实在论”和“反实在论”之间选择站队并不是必要的，随便站在哪边，都同样可以进行具体的科学研究。但对于霍金这样的“科学之神”来说，也许他认为确有选择站队的义务，这和他在上帝创世问题上的站队有类似之处。他认为“不需要上帝创造世界”也许被我们视为他在向“唯物主义”靠拢，谁知《大设计》中“依赖模型的实在论”却又更坚定地倒向“唯心主义”了。

这里顺便指出，吴忠超作为霍金著作中文版的“御用译者”，参与了绝大部分霍金著作的中文版翻译工作，功不可没。但在他提供给报纸提前发表的《大设计》部分译文中，出现了几个失误。最重要的一个，是他在多处将“realism”译作“现实主义”，特别是将“依赖模型的实在论”译成“依赖模型的现实主义”，这很容易给读者造成困扰。“realism”在文学理论中确实译作“现实主义”，但在哲学上通常的译法应该是“实在论”，而霍金在《大设计》中讨论的当然是哲学问题。在这样的语境下将“realism”译作“现实主义”，就有可能阻断一般读者理解相关背景的路径。

《大设计》可能成为霍金的“学术遗嘱”

《大设计》作为霍金的新作，一出版就受到了极大关注——《科学》(Science)、《自然》(Nature)等有影响力的杂志几乎在同一时间发表了评论文章。之所以出现这样的情形，除了霍金所具有的媒体影响力之外，恐怕还有另一个重要的原因——此书极有可能成为霍金留给世人的最后著作。

霍金在书中两个被认为最为激进的观点，在两份书评中都受到了特别的关注：他声称利用量子理论证明了多宇宙的存在，我们这个宇宙只是同时从无中生出、拥有不同自然法则的多个宇宙中的一个；预言 M 理论作为掌管多世界法则的一种解释，是“万有理论”的唯一切实可行的候选。

不过，在《自然》杂志的书评作者迈克尔·特纳（Michael Turner）看来，霍金的上述论断其实并不太具有说服力。根本原因是，多宇宙这一颇有创见的思想虽然“有可能是正确的”，但就目前而论，它却连能否获得科学资格都是有疑问的——不同宇宙之间无法交流，我们并不能观测到其他宇宙，这导致多宇宙论成为一个无法被检验的理论。而特纳认为，霍金在《大设计》中其实只是用多宇宙这一存在颇具争议的观点“替代而不是回答了关于怎样选择和谁选择的问题”，并没有真正回答宇宙为什么是“有”而不是“无”。至于霍金主张的引力让万物从无中生有，则是从根本上回避了空间、时间和 M 理论为什么是这样的问题。

霍金在《大设计》书中第一页便宣称“哲学已死”，这一高傲的姿态也激怒了不少人士。例如《经济学人》上的书评认为：霍金宣称“哲学已死”，却把自己当成了哲学家，宣布由他来回答基本问题，“这些言论与现代哲学很难作比……霍金与莫迪纳把哲学问题看成闲来无事喝茶时的消遣了”。

虽然一些人对霍金书中的观点持有异议，但霍金本人的影响力却是不能不承认的，用特纳的话来说就是“只要是霍金，人们就愿听”，况且霍金清楚、直白、积极的表达方式还是很具煽动性的。

就本文所分析的霍金最近在三个重要问题——上帝、外星人和世界的真实性——上的站队选择而言，笔者认为，最有可能对人类社会产生深远影响的是第二个问题：霍金加入了反对人类主动与外星文明交往的阵营。就笔者所知，他可能是迄今为止加入这一阵营的最“大牌”的科学家。考虑到霍金的影响力，尽管这也不是他的创新，但很可能成为他对人类文明作出的最大贡献。

原载《上海交通大学学报（哲学社会科学版）》2011年第1期。

科学·宗教·艺术

——兼谈人类认知世界的三种不同方式

田　青 |

首先我应该声明，我不懂科学（在本文中所讲的“科学”全指自然科学）。在中学阶段，我的数、理、化成绩一直是班上最差的。只有在初一几何课的第一堂课上，老师问：“我们今天开始上一门新课，叫‘几何’。谁知道‘几何’是什么意思？”我当时举手回答：“‘几何’就是‘多少’。”老师大悦，当堂便封我为几何课代表。但是，一学期之后，我的课代表便被撤掉了。因为老师和我自己都发现我无论对抽象的“多少”，还是对具体的“多少”都缺乏清晰明确的概念，也缺乏探求的热情。但是，我不懂科学，却丝毫也不妨碍我被培养成一个科学至上主义者。我们这一代人，从小就生活在以唯物主义为主流意识形态的社会里和教育体制下。我在 30 岁之前，几乎没有动摇过对科学的信仰，也从没有接触过任何宗教。从 20

世纪 80 年代初，我开始了对宗教艺术领域的探索和研究，将大部分时间和精力放在搜集、抢救、整理中国佛教音乐的工作上。老实说，我当初研究中国佛教音乐的初衷，只是希图在寺庙的高墙里找到活着的古代音乐，为我在音乐学院担负的“中国古代音乐史”课找一点音响资料。但是，随着研究的深入，我逐渐进入一个对我以及大部分同代人都很陌生的世界。近 20 年来，我对中国传统艺术的瑰宝——中国佛教音乐多少有了一点了解，同时，对科学、宗教、音乐的看法，也有了相当大的改变。在这篇“命题作文”中，我想谈两个问题：一、科学不能代替宗教；二、科学不能统治艺术。一句话，科学、宗教、艺术是人类认知世界的三种不同方式，各有其存在的价值，彼此不可替代。

宗教与艺术——当科学还没有开始的时候

今天，当人类出于各种野心与目的发射到太空去的数百颗飞行器正像苍蝇一样绕着地球轨道飞行的时候，这个小小星球上的环境与资源却一天比一天恶化和接近枯竭。同时，当现代大城市中一个普通“白领”的生活质量因科学技术的进步而超过中世纪一个帝王的想象时，这个世界上的大多数人却比以往任何时代的人们更感到困惑、苦闷和不满足。

实际上，从有了人类的那一天起，人类便同时开始了两种不同方向的探索：一种向外，探索物质与宇宙；一种向内，探索内心与自己。问题是，在人类的物质文明与自然科学已高度发达的今天，越来越多的人却发现，了解人类自己比了解物质与自然更加困难。一个物理学家可以掌握核裂变的技术，一个遗传学家假如法律允许而本人愿意的话，可以“克隆”任何动物甚至他本人，但他们却无法使自己在任何时候都不感到孤独和烦恼，更无法使自己变了心的妻子回心转意。对大多数现代人而言，登天易，明心难。

早在科学出现之前，宗教与艺术就都已经出现了。与科学一样，宗教与艺术都是人类想象力的空前发明。假如说人类发明艺术主要是为了表达和交流的话，那么，人类发明宗教，则除了追求永恒外，还有一个非常现实的目的——认识自然并征服自然。

很多人忘记或忽略了这一点。他们说，宗教是统治者麻醉、毒害人民的“鸦片”，是为封建统治者服务的“工具”，所有宗教的教义都是“骗人的鬼话”，把宗教视为“科学的敌人”。其实，在宗教产生之初，即原始宗教阶段，大部分原始宗教的内容和形式都属于当时社会生产力的一部分。即使用现代唯物主义的观点来考察，只要你不带任何偏见的话，也会理解当时人们的祷告、礼拜、歌舞、献祭，乃至命令、恐吓、呼风唤雨，无非是为了让自然听命于人类的意志和愿望。无论是狩猎部落出发前模拟猎物的歌舞，还是农耕民族播种前祭拜大地的仪礼，都是当时生产手段或生产技术的一部分。只是在其后漫长的岁月中，这些人类初始阶段混沌不分的意识形态和生产技术才逐渐发展为两种截然不同的形态——科学与宗教。

应该指出的是，这种混沌不分，首先不是因为宗教与科学都还不成熟，而是因为人类本身还不成熟。即使在今天，很多人仍然希望用宗教来处理科学问题，用科学来处理宗教问题。其实，宗教与科学都会面临自己的盲点和局限。某个农耕民族某次求雨的舞蹈没有招致降雨现象的发生，其实就像某个科学家某次科学试验没有得到他所希望的结果一样不值得大惊小怪，更不能以此否定宗教与科学本身。同理，原始部落巫医的咒语与现代大医院中昂贵的现代医疗器械同样都有成功和失误，也同样是“治病不治命”。

还有一点是现代那些崇尚科学而贬低宗教的人常常忘记的，这就是宗教是许多科学的直接的源头。早期天文学的一切成果，其实都源于人们的一种“迷信”——即相信人类的命运与“天象”、与天体运行的规律有关。如果没有这种“迷信”和宗教意识的巨大推动力的话，任何两眼与地面平行的动物都不会有足够的耐心和兴趣仰着头一夜一夜地看那些让人眼花缭乱的星星。化学的发展，也与道士们对“长生不老”的执著追求和他们的“炼丹术”有着密切的关系。如果不是这些“迷信”的道士们一代一代地把精力抛掷在他们的炼丹炉前的话，那么，我们现在就不可能把火药写在小学课本上的“四大发明”中了。

其次，宗教与艺术都是人类对生命肯定的一种方式。有些人认为，宗教鼓励人避世、遁世，是消极地对待生命，甚至否定生命，否定今生，只希求来世。其实，这是一种误解。从本质上说，宗教是人类探寻生命根本意义的最大努力。拿佛教来说，“了生死”——即参究生与死的本质，主张通过修行最终从生死轮回中解脱，不但不是对生命的否定，而是对生命无限的追求和对另一种更高形式的生命的肯定。人们常常忘记，死亡也是生命的一部分，是生命的另外一种状态。对生死问题的洞彻和消解，是宗教对人类尊严和濒危心理的重大贡献。

艺术也同样是人类对生命的讴歌、阐释和体味。古今中外的哲人们，都把艺术当成对生命最好的体味。孔子就曾说过：“兴与诗，立与礼，成与乐”，把音乐当成人生最终的追求和修养的最高阶段。他还曾在音乐中忘却自己的存在，把生命与音乐彻底“合二为一”了。“子在齐闻韶，三月不知肉味”的故事可谓家喻户晓，但其意义，却远远超过对孔子审美状态的特殊性与音乐魅力普遍性的解释，也非“善”与“美”的统一所能概括。音乐是生命的张扬和辐射，是唯一与生命“同质同构”的艺术形态。

日本著名禅学大师铃木大拙在谈及深受中国文化影响的日本文化时这样说：“无论给艺术下什么样的定义，一切艺术都可以说是从对生的意义的体味中生发出来的，或者说生的神秘深深地进入了一切艺术的构成之中。因此，当艺术以深远的、创造性的态度表现这些神秘的时候，它会激荡起我们深层次的存在。这时的艺术，是鬼斧神工。最伟大的艺术，无论绘画、音乐，还是雕刻、诗歌，都带有一种确定的性质，就是带有一些接近于神的工作的东西。真正的艺术家，至少那些达到了他们创造活动的高潮的艺术家，在其高潮的瞬间，变成了创作的上帝的代理人。如果把艺术家生活中这个最高潮的瞬间用禅的语言表达，那就是对悟的体验。”

的确，艺术的本质，是探索生命力的极限。凡是看过乐山大佛，看过西斯廷教堂的穹顶画，看过刻在一根头发上的《赤壁赋》，听到过伟大的演奏家演奏的巴赫的管风琴曲、李斯特的钢琴曲、帕格尼尼的小提琴曲的人，都会理解什么叫“鬼斧神工”，也都会慨叹人类自身的伟大，慨叹人类生命力的伟大，并体味到艺术的神秘、庄严和与天地鬼神相通的伟力。

德国心理学家鲁道夫·阿恩海姆就说过：“……我们必须认识到，那推动我们自己的情感活力的力，与那些作用于整个宇宙的普通的力，实际上是同一种力。只有这样去看问题，我们才能意识到自身在整个宇宙中的地位，以及这个整体的内在的统一。”他所谓的“那推动我们自己的情感活力的力”，其实就是我们的生命力，而“作用于整个宇宙的普遍的力”，则只能用宗教来解释。

再次，宗教与艺术都曾激发了人们超越物质生活的勇气，并满足了人类的灵性生活和精神生活。在当代影响深远的近代高僧弘一大师出家之后，他的学生丰子恺曾撰文纪念他。丰子恺在文章中说：“我以为人的生活，可以分为三层：一是物质生活，二是精神生活，三是灵魂生活。物质生活就是衣食。精神生活就是学术文艺。灵魂生活就是宗教。‘人生’就是这样的一个三层楼。懒得（或无力）走楼梯的，就住在第一层……抱这样的人生观的人，在世间占大多数。其次，高兴（或有力）走楼梯的，就爬上二层楼去玩玩，或者久居里头。这就是专心学术文艺的人……还有一种人，‘人生欲’很强，脚力很大，对二层楼还不满足，就再走楼梯，爬上三层楼去。这就是宗教徒了。他们做人很认真，满足了‘物质欲’还不够，满足了‘精神欲’还不够，必须探询人生的究竟。他们以为子孙财产都是身外之物，学术文艺都是暂时的美景，连自己的身体也都是虚幻的存在。他们不肯做本能的奴隶，必须追求灵魂的来源，宇宙的根本，这才能满足他们的‘人生欲’。”

正因为此，许多人才会在物质生活得到充分满足之后，仍然会觉得空虚、失落，甚至痛苦。“少年不识愁滋味，为赋新词强说愁”的背后，还有着更深刻的道理。在现代发达国家，这一点表现得尤其突出，越来越多的对富裕生活不满的男男女女都希望能在艺术与宗教中找到迷失于物欲中的自己。当然，与更依赖物质条件的艺术不同，宗教对处于任何物质条件下的人们都有着同样的吸引力和同样的作用。

艺术，是人类伟大的发明。它是一种语言，一种唯一超越了民族、地域、时间而使全人类相通的语言。甚至，也是唯一可能超越人类本身而与天地同和、与宇宙相交的语言。从两千年前中国哲人提出“大乐与天地同和”的伟大哲学命题，到飞往太空执行外星生命探索使命的宇宙飞船中装载的录有莫扎特及古琴曲《流水》等音乐的金唱片，以及无数各种不同宗教的信徒至今在口中喃喃唱祷的传自远古的神秘咒语，不都反映了人类在探索自身与宇宙的不懈的努力中，始终本能地把音乐作为最直接、最重要的媒介和手段吗？

宗教，也是人类伟大的发明。而且，它仅在人类社会存在，是人与其他动物最重要的区别之一。随着科学的发展，动物学家不断地发现，人类以外的动物世界有语言，有情爱，有分工合作，有社会关系，有使用简单工具的能力（这些都曾是过去一些人划定的人与其他动物的界线）。与人类比较起来，它们当然显得很粗糙。不过它们毕竟有。但是，动物没有宗教，一丝一毫也没有。动物没有对"灵性生活""精神生活"的追求与向往，不被"我来自何处，将去向何方"的问题困扰，没有渴望"终极真理"的冲动与热情，不探寻生命的意义与死的本质，没有己身必死的意识。宗教是一种文化。在这个星球上，只有人类才有文化，只有人类才能创造文明。

我们必须承认，宗教及宗教现象是一个极复杂的社会现象。也许，在人类社会中，再也没有任何一个别的问题像宗教问题这样使人类分为泾渭分明的两部分了。一类人坚信，一类人坚斥。信者以为真理，斥者以为欺骗。这两类人互不理解的程度，有时甚至超过了人与动物之间的隔膜。只有极少数的杰出人士超越了唯物论与唯心论的对立，超越了"宗教"与"世俗"的对立。我相当欣赏英国历史学家汤因比与日本哲学家池田大作以下的这段对话：

"汤因比：我很赞同您的见解。唯物论和唯心论都是片面地对存在做了不能令人满意的解释。物质是不能用精神彻底理解的，精神也不可能用物质论来理解。只有把两者作为一个统一体来看待，才能既理解物质又理解精神。不过，在这种精神肉体的统一体的两个侧面，不能还原为智力能够理解的单一个体，所以我们很难理解这两者是不可分的。

“池田：我也是这样想。为了说明精神与肉体的这种状态，佛法中描述了‘色心不二’这个生命观。这里所说的‘色’，是指用物理、化学为主的科学方法掌握的、属于生命的物质一面的肉体。所谓‘心’，是指用物理、化学方法无法掌握的、生命的种种作用。这其中当然包括唯心论者一直在思索和考察的理性、悟性这种精神活动和欲望……如上所述，从整个生命的角度来考察生命自身的状态，这是佛法‘色心不二’的原理。若从这种生命观来分析，可以说唯物论是以科学的方法探究‘色法’的世界，唯心论是在探究‘心法’的世界。”

人类自古以来在两个方向的探索培育了人类的这两种认识论。因此，你不能用唯物论去认识“心”，也不能用唯心论去解释“物”。在科学面前，未知世界永远比已知世界要大，因为科学知道得越多，也便同时发现更多的新问题。而科学解释不了的东西，恰恰便是宗教的世界。

三种不同的认知方式

科学、宗教、艺术，是三种平行存在的人类认识世界、掌握世界、改造世界的工具。这三者不仅出自同一源头，而且就像人的视觉、听觉、触觉一样各司其责、并行不悖，没有高下之分、尊卑之别，既不互相排斥，也不能互相替代。人们常说真、善、美是人类追求的最高目标。表面上看，宗教追求的是善、科学追求的是真、艺术追求的是美。其实，这三者本来就是人类的三个触角，实在没有理由互相排斥和诋毁。古往今来，一切伟大的宗教教义都同具真与美，一切伟大的艺术作品都包含着善与真，而一切伟大的科学发现也都和善与美相关联、相包容。当天文学家惊叹于宏观世界的秩序和宇宙星辰的壮美时，现代物理学家和生物学家们却正在为放大了几百倍的分子和细胞的彩色照片所倾倒。人们有一段时间常常谈论"异化"的问题，岂不知，人类真正的"异化"，便是从把真、善、美分裂，把宗教、科学、艺术分裂开始的。

在人类历史上，宗教与艺术不但都曾发挥过巨大的作用，推动了历史和人类社会的前进，而且对人类的整个精神世界产生过巨大的影响。如果说是基督教的文明奠定了现代社会的形式包括现代科技的进步的话，那么，其他宗教则在人类的历史上创造过多种文明和多种社会形式。鲁迅在谈及"中华民族的脊梁"时，也不忘提出"舍身求法的和尚"。的确，综观整部人类史，再也没有任何一种别的力量曾促使人类做出像宗教行为这么可歌可泣，这么惊天地、泣鬼神的举动。在宗教感情的驱动下，人们不但可以从素食、独身这些在一般人看来很难做到的"苦行"及再也不能更简单的生活中得到悟性和乐趣，而且可以毫不犹豫地舍生忘死，直至做出令一般人不可思议的壮举。玄奘的西游与鉴真的东渡，无论在其志向的高远上，在其困难的程度上，还是在其对人类的巨大影响上，都堪称人类历史上最伟大的长征。

在佛教、道教的影响下，中国的艺术家在追求生命永恒的过程中，曾创造了永恒的艺术。换句话说，正是由于人们相信“灵魂不灭”，正是由于厌倦今生和向往来世，人们才会在艺术领域根本摈弃急功近利的行为，怀着极大的热情和毅力去创造如敦煌、云冈、龙门那些在今生不可能看到结果的伟大作品。以敦煌、云冈、龙门为代表的中国佛教石窟艺术是中国传统文化的瑰宝，是中国的骄傲，也是全人类共同的珍贵文化遗产。石窟寺，原是佛教徒修行的场所，是在特定的自然环境中开凿在崖壁上的寺院。佛教徒在石窟寺中修行、膜拜、讲经、作法、生活，为了崇拜、观想和法事的需要，佛教徒们在石窟寺中用塑（雕）像、立塔、壁画等形式重现佛陀的法身，图释佛陀的形迹和教诲，表现佛教徒对佛陀的景仰和崇拜之情。为了最终摆脱生死轮回，求得彻底的解脱，一代又一代的佛教徒们怀着虔诚的宗教信念、炽热的宗教情感，以超人的毅力，完全抛弃了一切世俗的名利思想和急功近利的行为，一凿一斧地在崖畔石壁上雕塑着佛的慈容和三千大千世界的众生像。今天，当我们面对这些信仰之力与艺术天才的双重创造时，我们依然被其中所蕴含、体现的博大胸襟、慈悲情怀和庄严、宁静、超然、平和的思想之光所笼罩、所折服。这种超越时空的、永恒的艺术魅力，的确来源于宗教的力量，来源于对来世的企盼和信念。

多年前，我曾与几位朋友小聚。席间，一位知名的中年作家在酒酣耳热之时对在座的几位女士说："假如现在来了一只老虎，你们可以跑、可以叫、可以哭，但我们不行，我们男人只能去打虎。"众女士点头称是，纷纷为打虎的英雄干杯。这时候，我说："打虎固然英雄，但还不难，真正难的是舍身饲虎。"于是，我给他们讲了佛本生中"太子舍身饲虎"的故事。太子因担心母死无奶的小虎们被饿死，纵身跳下悬崖，心甘情愿地用自己的肉身去饲养其他生命，这是多么大的慈悲啊！太子舍身，除了"无缘大慈、同体大悲"，即对一切生命、一切有情的悲心之外，没有任何功利，没有任何其他的目的。而且，他的悲心，超越了人类而遍及众生，这是何等伟大的情怀啊！打虎需要勇气和力气，但舍身饲虎却需要更多更多的东西。故事讲完，满座唏嘘，连那位作家，也受到了极大的触动和震撼。

艺术的作用也表现在人的精神领域并与宗教的力量类似。我在多年前的一篇文章中曾写过这样一段文字："看过英国影片《冰海沉船》的观众大概都记得这样一个镜头：当冰冷的海水即将吞没巨大的'泰坦尼克'号的时候，在风浪的喧嚣与人们绝望的哭号声中，几个忠诚的乐手站在倾斜的甲板上，沉着、庄重而又一丝不苟地继续着演奏。他们忘却了死神的临近，放弃了求生的努力，坚守在自己的岗位上。那虔敬高尚的音乐，是'泰坦尼克'号的祷歌，是众多生灵的安魂曲，也是使他们得以在死亡面前保持尊严与勇气的精神支柱。"

乐手们的坚毅和导演的匠心固然值得钦佩，而音乐在此时此刻所起的作用，也值得人们深思。

音乐从诞生以来，它便是人类生活中的挚友。桑间陌上，人们用歌声寻找着爱情；队前伍后，人们用歌声统一着步伐。共同劳作时，“杭育”之声不断；冲锋陷阵处，金鼓之声齐鸣。在人类历史上，有过多少关于人和音乐的传说啊！伯牙与子期凭音乐的共鸣而肝胆相照；司马相如与卓文君因音乐的媒介而永缔佳缘。智慧的张良，靠一只洞箫、四面楚歌，瓦解了项羽的亲兵；大胆的孔明，用一张古琴、两扇城门，吓退了司马懿的大军。放眼域外，故事也不少。从阿波罗到缪斯，从酒神酣醉的高歌到《牧神午后》的短笛。过去，人们曾大谈十字军东征时，一个宫廷歌手怎样靠歌声找到了英王理查德一世；现在，人们又津津乐道于伟大的爱因斯坦如何在小提琴优美的旋律中，寻觅着“相对论”的钥匙……

与宗教和艺术不同，科学的作用主要是对物质世界的掌握。人类对科学的态度，在近二三百年里起了巨大的变化。在 18 世纪之前，科学还没有进入大部分人的普通生活，还只是一小部分科学家和知识分子探索物质领域中未知世界的智力活动。在科学发展的早期阶段，不但一般民众不知科学为何物，科学家和科学发现还常常遭到来自保守势力的残酷压迫和攻击。从 19 世纪开始，情况起了变化，科学发明和科学成果不但如此迅速地改变了人类的生活，更极大地改变了人们对科学的态度。随着大工业与资本主义生产方式的普及，科学逐渐成为人类改造自然与改善生活质量的主要手段。20 世纪，是科学获得空前发展的时期，也是人类生活自人类诞生以来进步最显著的时期。现代人今天所享受的高质量的生活，大部分靠的是科学技术的力量。当人类的足印因科学的伟力踏上月球、迈入太空时，当人类通过掌握核裂变技术从而掌握了足以使地球毁灭千百次的能量时，当如果法律允许人类甚至可以“克隆”自身时，人类不但得到了自尊心的空前满足，也不知不觉把对科学的依赖变成了一种信仰并逐渐代替了宗教。换句话说，当人们认为科学是万能的并把一切幸福都归结于它时，科学便与“上帝”一样成了人类的崇拜对象。不同的是，科学的力量和它带给人的福祸是可以在现世证实的，它的所有福祉、灾害都那么的明确，那么的实际，那么的巨大，那么的不容置疑。

汤因比在谈到面对传统宗教衰落的现代西方人时说：“在因此造成的精神空虚里，他们以一位女神代替了上帝的崇拜。那摧毁西方基督教世界的对于旧神灵的不信任感和厌恶感使这位女神交了好运。这位女神不是圣母，而是技术；人们对新神灵崇拜得五体投地——技术被神话，不是西方人有意的选择，而是因为宗教与自然一样厌恶空虚。技术与技术专家因而成了晚近西方世界的罗马女神和恺撒。”

不同的是，当西方人已经率先把技术与技术专家视为“罗马女神和恺撒”时，我国的先进知识分子们却还在为争取“德先生”与“赛先生”在中国社会的一席之地而奋争。由于整个中国近代史中的屈辱都与国势的衰败分不开，而“中央之国”的雄风不在又都与政治腐败和科技落后、经济落后有关。因此，在现代大部分中国人尤其是进步知识分子的眼里，走科学与民主之路是拯救古老国家的唯一途径。“五四”的进步意义，很大程度上表现为科学思想的民族启蒙。应该说，整个20世纪是科学观念在中国生根、成长的世纪。“文革”前后，对知识分子政治上的歧视虽然造成了人们对科学价值的暂时怀疑，但随后开始的极大地改变了中国面貌的改革开放，却在更大范围、以更大的力度让人们亲眼见到了哪怕是“初级阶段”的政治宽松与科技进步所带来的明显的社会进步。现在，“科学技术是第一生产力”的口号无疑已经成为全民族的共识。我们这一代中国人，已经从小就被教育成不同程度的科学至上主义者。

于是，在正在享受科学进步所造成的初步繁荣的中国人的语境里，“科学”这个似乎具有无限威力与魔力的名词，也便逐渐成了“正确”“进步”“至高无上”的同义词。而科学的否定式，比如“不科学”“不够科学”，也自然成了代替“错误”“落后”甚至“反动”等概念的贬义词。然而，在科学成功的巨大光环里，人们忽略了这样一个事实：科学所取得的成功，绝大部分都是在物质世界里。迄今为止，科学对人类精神领域的影响和探索，还根本无法和其在物质世界所取得的成就相比。但是，对科学的进步充满自豪与憧憬的人们还是不知不觉地把科学的胜利扩大了，扩大到了几乎一切领域。许多人以为有了科学，人类便有了光明的前景。但是，这个新的“宗教”却不能也不具备针对“人心”的能力。对人类精神领域的困惑与痛苦，对人类社会普遍存在的道德沦丧及由于对物质的渴求不能满足而产生的诸多严重社会问题，科学仍然束手无策。原有宗教在满足人类信仰与心灵的需求、支撑社会的道德结构及对社会不满情绪的化解等许多方面，至今依然有着重要的现实意义。

人们不但用科学代替了宗教，甚至还在不知不觉地试图用科学来阉割艺术的本质。

艺术不是科学

的确，这是一句“废话”。说“艺术不是科学”，就等于说“A不是B”“张三不是李四”“窝头不是馒头”。但是，无论是在实际生活中，还是在艺术领域里，对这个原本不应该有任何疑问的简单判断，却存在着许多不同的认识。比如，在2000年夏季举行的“第九届全国青年电视歌手大奖赛”中，有一个歌手叫李琼，她的与众不同的歌声便引起了争议。

少部分非歌唱专业的评委认为，李琼的歌唱有鲜明的个性和较强的感染力，给她打了较高的分。而占评委大多数的歌唱专业出身的评委却不约而同地给她打了较低的分。一些歌唱家评委在回答观众提问时和在非正式谈话中对李琼最终未能进入决赛作了解释，其中最重要的理由，便是认为李琼的唱法“不科学”、是“大本嗓”，并强调“人的生理构造（声带）是相同的，所以，只能有一种正确的唱法、科学的唱法，这就好比这间屋子，只有一个门，什么人都只能从这一个门中出去”。

看起来，有必要请这些先生们再看一下 1999 年新版《辞海》中关于“艺术”与“科学”的权威性解释：

艺术：“人类以情感和想象为特性的把握世界的一种特殊方式。即通过审美创造活动再现现实和表现情感理想……具体说，它是人们现实生活和精神世界的形象反映，也是艺术家知觉、情感、理想、意念综合心理活动的有机产物。”

科学：“运用范畴、定理、定律等思维形式反映现实世界各种现象的本质和规律的思想体系。社会意识形态之一。按研究对象的不同，可分为自然科学、社会科学和思维科学，以及总结和贯穿于三个领域的哲学和数学。”

虽然这个“权威”性解释本身尚有可斟酌之处，但它起码正确阐述了艺术与科学是两回事。但奇怪的是，现代人在实际生活中，却常常不知不觉地或将艺术混同于科学，或将科学置于艺术之上，把“科学”与“科学性”视为神圣的、至高无上的、统领一切的“君王”甚至“上帝”，而把艺术当成了从属于科学的奴婢。现在，所谓“科学的唱法”成了中国整个声乐界最高的追求，一些声乐教师对一位首次登门的年轻歌手最常说的一句话是：“你的唱法不科学，要改方法！”而当一位歌者批评另一位歌者的唱法“不科学”时，实际上等于在说：“你现在的歌唱方法是错误的！”

那么，人们不禁要问：在“歌唱”——这种人类最本质、最古老的感情表达方式与艺术形式中，“正确”与“错误”究竟是什么意思？衡量艺术的最高标准是“科学”与“正确”吗？而人们又是从什么时候开始把科学置于艺术之上的？人们为什么要如此夸大艺术中“科学性”的地位，甚至不惜用“科学性”来阉割艺术的灵魂与本质——创造性和个性呢？

实际上，正是对科学的崇敬在改变着人们对艺术本质的认识。在科学主义的号召、近代民族屈辱史的鞭策及振兴祖国的伟大理想的激励下，用科学来改造“落后”的中国民族乐器、用西洋大乐队的形式来组建中国新的“民族乐队”和创建“科学的民族唱法”已成为50年来中国音乐界共同奋斗的目标。

经过长达半个世纪的不懈努力，除了乐器改革由于种种原因而陷入一个尴尬境地外，后两个目标可以说是基本上达到了。在声乐领域，经过“科学化”了的“民族唱法”，不但与西洋歌剧唱法（所谓美声唱法）和“通俗唱法”三足鼎立，成为当前中国音乐生活中重要的艺术品种，而且基本形成了自己独特的、相对成熟的教学体系，并在艺术实践、艺术教育等方面取得了有目共睹的成绩。

但是，正是在成功之后，人们才发现问题的另外一面。这就是我在“第九届全国青年电视歌手大奖赛”上所指出的民族唱法存在着“千人一声”的问题。大家都还记得，在科学还不发达的二十世纪五六十年代，王昆、郭兰英、马玉涛等歌唱家的声音都有自己鲜明的特点。即使只有广播没有电视，人们也能很轻松地将他们区别开。个性化与地方特点的鲜明，是农业社会的必然，也是那个时代共同的审美要求。从二十世纪六七十年代开始，我们的社会开始进入工业化社会，应时代的要求，在科学主义无声的影响下，声乐界开始探索所谓“科学唱法”，并大量培养适应群众此时审美需求的歌唱家。在一些杰出的声乐教育家的努力下，一种借鉴西洋歌剧唱法并在某种程度上保留了民族风格的唱法与音色逐渐形成了。由于用这种方法培养出来的歌手受到一个时代的肯定和欢迎，也由于这种“科学唱法”的教学的确具有可操作性和可重复性，所以，这种唱法和用这种方法培养出来的歌手便逐渐取代了五六十年代那些来自民间的、具有鲜明的地方风格与个性色彩的唱法和被称为“大本嗓”的民间歌手，建立了在民族声乐教学领域与实践领域的绝对统治地位。

本来，找到一条具有普适性的声乐教学法是一件好事，受到群众的欢迎也是一件好事，但任何艺术流派一旦成为“显学”，一旦成为“一统天下”，便也脱不掉“物极必反”的规律，开始让人们感到厌倦。于是，面对大奖赛上许多音色几乎一模一样的歌手，李琼因为唱法“不科学”而被淘汰，便自然引起了争议和深层的思考。

我在回答大奖赛监审组的提问时，曾试图解释产生这种现象的原因，我把个性歌手的沉寂与“罐头歌手”的批量生产，归结于一个时代的共同审美需求和生产方式的改变：“王昆的时代，中国处在农业社会，农业社会的审美特点就是个性化、地域化，与民间有着深厚的联系。现在这些歌手，是工业社会的产物，是音乐学院的产品。工业社会所推崇的，是科学化、规范化。而科学化、规范化的结果，就是我们具备了批量生产大量歌手的能力，但却抹杀了个性。”的确，群众的审美需求是随着经济的发展、社会的发展而变化的，今天，当我们国家的工业化还没有完全完成的时候，我们已经提前进入到追求个性、崇尚自然、讲究多元化的信息化社会了。那么，“第三次浪潮”后的时代除了与“第二次浪潮”的工业化社会以大为美、追求“科学性”和“规范化”不同，要求多元化和个性化之外，还有什么特点呢？对科学的反省应该说是重要的内容。

现在，越来越多的人认识到艺术与科学是不一样的，科学不能代替艺术。科学是建立在理性之上的，而艺术始终是感性的产物。科学讲求唯一正确，100 个科学家做一道数学题只能有一个答案；但艺术没有标准答案，对同一主题，100 个艺术家会创作出 100 个不同的艺术作品。一个新的科学试验的成果被承认，必须有可重复性，即必须所有人能够在同样条件下得出同样结果。在科技指导下的大工业生产，也一定要求标准化与统一规格。但艺术不能标准化，艺术必须有个性。在科学领域中强调的可重复性恰恰是艺术的天敌。艺术追求的就是创造性、就是个性、就是与众不同。贝多芬之所以是贝多芬，就在于他与莫扎特不同；同理，莫扎特之所以是莫扎特，也在于他与贝多芬不同。所谓“科学”唱法“就好比这间房子，只有一个门，什么人都只能从这一个门中出去”的话，完全违背了艺术的本质。在艺术领域，只有那些不想从一个门出去，只有那些想得出方法并敢于从窗户、烟囱、地道甚至掀了屋顶出去的人，才可能成为大艺术家。

人们在清楚了这个问题之后，才能进一步探讨艺术与科学是什么关系，科学性在艺术实践中究竟应该占有什么地位，在艺术中什么更重要？是“创造性”还是“科学性”，等等，一系列问题。首先，说艺术与科学不同，绝不意味着否定科学的伟大意义与价值，这就好比说骆驼与马不同不意味着否定马一样。其次，主张在艺术中创造性与个性更重要，也绝不意味着排斥在艺术领域里应有的科学性。我想强调的只是在艺术领域里不能把“科学性”置于艺术本质之上，不能以“科学性”作为衡量艺术水平、艺术价值的最高标准，更不能用“规范化”“标准化”的大工业生产方式制造艺术家和艺术品。对于现代人而言，科学绝不仅仅是一种“结果”，它更是一种精神，一种态度。我百分之百地推崇并服膺科学精神，即推崇并服膺一种理性的、自由的、不以任何“权威”的论定为结论的、实事求是的探求精神，但我却不会对任何科技成果本身顶礼膜拜。人们应该认识到，科学的本质是自由的、不断发展的，是反权威的，任何将科学本身权威化、固定化、神圣化的做法，本身便是反科学的。

应该承认，我们目前的艺术理论、艺术教学、艺术实践已经落后于时代的发展和公众审美观念的改变，一部分听众对当前声乐领域里“千人一声”现象的不满，及对一个普通歌手未能进入决赛的质疑，就反映了大众审美观念的提高和进步。那么，在艺术实践中，科学究竟应该站在什么位置才更合适呢？我个人认为，科学在艺术实践中的地位，应该和科学在竞技体育中的地位一样。众所周知，在当代竞技体育中，现代科技起着非常大的作用。比如，在悉尼奥运会上，应用了高新科技的游泳衣便因为提高了运动成绩而大出风头。但是，创造运动成绩的最根本的条件，归根结底还是运动员，还是运动员的体能、技巧、训练等。科技对体育事业的促进，永远只是辅助性的、次要的。而且，在不同的体育项目里，科技影响成绩的能力有很大的不同，在某些项目，比如最具吸引力和最普及的项目足球、篮球中，科技影响成绩的成分就更微乎其微。最重要的是，在体育界，即使是在最能表现出科技影响的项目里，人们比的也是运动员的综合素质和他达到的结果，而不是“科学性”。没有一个裁判会在解释他为什么给一位运动员打低分的原因时说：“他的方法不科学。”

在艺术领域，要不要讲“科学性”呢？要不要提倡更多地采用先进的科技手段呢？当然要。我希望我们的声乐教育家能更多、更深入地研究人的生理结构、心理机制，找到更有普适性的教学方法和更好的发声方法；我希望每一个学习声乐的人将来都能在练习歌唱时在某种先进的仪器上看到自己声带的振动频谱和共鸣区的位置图。但我更相信，即使你今天就使用了 22 世纪的科技手段，你的歌声也不一定能感动我。艺术最终是人与人的交流，是感情的交流，是主观的感受，有时候甚至还是“没有道理”的。没有情，没有创造，没有个性的艺术，即使全部用科学包装起来，仍然是三流的艺术。而且，我相信，科学不是万能的，尤其在涉及人类自身，涉及人的情感、精神、信仰、美感时，就更显得尴尬。声带毕竟不是普通的乐器。而人们所说的共鸣位置，不管是什么“颅腔共鸣”，还是什么“胸腔共鸣”，就像中医的“穴位”“经络”至今无法用科学证明一样，你明明感觉到了它的存在，但在解剖刀下恐怕也只是一个挤满了神经、血管、脑髓、肌肉、肠胃等非共鸣体的腔体，而科学不是早就告诉我们只有气体的震动才能引起共鸣吗？对所有建立在人类“感觉”上的东西——从气功的“气”感到歌唱时的“位置”感，都只能靠练习者在教师的指导下自己去体会，你永远无法靠什么科学的手段、别人的体会来代替自己的体会，也不能把自己的“感觉”像导电一样传递给他者，这就叫“如人饮水，冷暖自知”。重要的是，歌唱艺术是一个包括歌唱技巧（发声方法只是其中一项）、歌曲内容的理解与表现、舞台表演、情感控制等许多因素的综合性艺术，只注重发声方法的训练而忽视其他艺术因素的学习与表现，是我们当前声乐教学中普遍存在的问题。艺术不是科学，更不仅仅是技术，我们的艺术院校培养的应该是艺术家，而不是“技术员”。

21世纪，是人类对科学反省的世纪。这种反省，一方面表现在对科学给人类带来的负面影响的反思上，诸如环境污染、大规模杀伤性武器等，一方面表现在如何重新定位科学的地位上。美国著名物理学家、诺贝尔奖获得者理查德·费曼曾在一次演讲中坦称：“当我年轻的时候，我认为科学会有利于每个人。科学显然很有用，也是很有益的。在第二次世界大战中，我参与了原子弹的制造工作。科学的发展导致了原子弹的产生，这显然是一个具有极其严肃意味的事件：它代表着对人类的毁灭。”我认为，科学只是人类探求外部世界与物质规律的一种手段，人类应该牢牢把握科学的方向，更不能让科学成为人类的宗教，成为控制人类思想与进行艺术活动的君王。一句话，它只是“运用范畴、定理、定律等思维形式反映现实世界各种现象的本质和规律的思想体系”，是“社会意识形态之一”。在艺术领域里，只有摆脱对科学的崇拜，复归艺术的本质，主张个性与多元化，提倡与众不同，艺术才能获得真正的发展。要建立多元化的审美观，在艺术领域提倡一种宽容精神、一种兼容并蓄的态度、一种百花齐放的局面。尤其要给予那些根植于传统、来自民间的艺术形式和“草根派”艺术作品、艺术家以应有的尊重、地位和在媒件上亮相的机会。不要用“不科学”作为否定某种艺术形式、艺术品种、艺术家的口实，也不要用“科学”作为艺术中正常的流派之争的商标和盾牌。

我主张在努力发展科学的同时反省科学，在长期忘却与批判宗教之后重新认识宗教，在坚守艺术个性化与多元化本质的基础上鼓励自由的创造。让我们用科学探求物质及外界，用宗教平衡内心和社会，用艺术陶冶精神、提升生活——这便是我的科学观和人文观。

选自《我的人文观》，侯样祥主编，江苏人民出版社，2001年。

人生观

张君劢 |

| 导读 |

20世纪上半叶的“科玄论战”是许多书中都提到的事件。对于这场论战，公众常见的说法，是认为科学的一方高奏凯歌，玄学的一方被对手碾压，败阵而去。

这里我们选择了当时影响最大、观点上最针锋相对的两篇文章，提供给今天的读者，让读者自己作出判断：这场论战到底谁胜谁败？

但是我们在评判一场历史争论的胜败时，一定要先将胜负标准思考清楚。

对于历史争论，事实上人们常用的标准有两种：一种是“结果”标准，一种是“对错”标准。

“结果”标准看的是当时的结果：双方谁在论战中落了下风，比如不说话了，或者是对手使得他不敢说话了。用这样的标准，我们可以认为，在当年罗马教廷对伽利略的审判中，伽利略一方是失败了，因为他服从了判决，尽管相传他在被宣判有罪时仍喃喃自语“地球还是在转动”。

“对错”的标准看的是今天我们对当时双方是非曲直的判断。用这样的标准，我们可以认为，在当年罗马教廷对伽利略的审判中，伽利略一方仍然是胜利者，因为今天我们认为事实证明伽利略的说法是正确的。

如果用“结果”标准来看当年的“科玄论战”，张君劢所代表的玄学一方可以说是失败了，因为他们在论战中落入下风；而丁文江所代表的“科学”一方是胜利者，因为他们挟科学的无上权威，压倒了对手。

但是，如果使用“对错”标准，重新来评价“科玄论战”双方的论点，我们不难发现张君劢其实说得有道理，比如今天几乎不会有人相信人生观问题可以靠科学方法来解决。而论战中丁文江的文章一上来就以“玄学的鬼附在张君劢身上”这样的谩骂开头，就非君子论辩之道。丁文江的反驳本身，也大多是强词夺理、牵强附会的，比如张君劢认为人生观无法统一，本来是对事实的客观描述，丁文江反驳的理由竟是“除非你能提出事实理由来证明他（它）是永远不能统一的，我们总有求他（它）统一的义务”。可是为什么我们要有追求人生观统一的义务呢？这个义务从何而来？诸如此类，都说明丁文江的立场其实是今天看来非常幼稚的唯科学主义立场。

丁文江结尾一处对张君劢的反驳才是对的：张君劢说“我国

戏剧中，十有七八不以男女恋爱为内容”，这明显不符合事实，估计是他接触中国传统戏剧太少之故，结果被丁文江揪住，大大奚落了一番。但这只是一处知识性的小硬伤，无关论战双方主要论点的对错。

张君劢1923年在清华学校讲学人生观问题，在《清华周刊》发表讲演稿《人生观》后，引起科学与玄学之争。

诸君平日所学，皆科学也。科学之中，有一定之原理原则，而此原理原则，皆有证据。譬如二加二等于四；三角形中三角之度数之和，等于两直角——此数学上之原理原则也。速度等于以时间除距离，故其公式为 $s=\frac{d}{t}$；水之元素为 H_2O——此物理、化学上之原则也。诸君久读教科书，必以为天下事皆有公例，皆为因果律所支配。实则使诸君闭目一思，则知大多数之问题，必不若是之明确。而此类问题，并非哲学上高尚之学理，而即在于人生日用之中。甲一说，乙一说，漫无是非真伪之标准。此何物欤？曰，是为人生。同为人生，因彼此观察点不同，而意见各异，故天下古今之最不统一者，莫若人生观。

人生观之中心点，是曰我。与我对待

者，则非我也。而此非我之中，有种种区别。就其生育我者言之，则为父母；就其与我为配偶者言之，则为夫妇；就我所属之团体言之，则为社会、为国家；就财产支配之方法言之，则有私有财产制、公有财产制；就重物质或轻物质言之，则有精神文明与物质文明。凡此问题，东西古今，意见极不一致，决不如数学或物理、化学问题之有一定公式。使表而列之如下：

（一）就我与我之亲族之关系……
- 大家族主义
- 小家族主义

（二）就我与我之异性之关系……
- 男尊女卑
- 男女平等
- 自由婚姻
- 专制婚姻

（三）就我与我之财产之关系……
- 私有财产制
- 公有财产制

（四）就我对于社会制度之激渐态度……
- 守旧主义
- 维新主义

（五）就我在内之心灵与在外之物质之关系……
- 物质文明
- 精神文明

（六）就我与我所属之全体之关系……
- 个人主义
- 社会主义（一名互助主义）

（七）就我与他我总体之关系……{为我主义
利他主义}

（八）就我对于世界之希望……{悲观主义
乐观主义}

（九）就我对于世界背后有无造物主义之信仰……{有神论
无神论
一神论
多神论
个神论
泛神论}

凡此九项，皆以我为中心，或关于我以外之物，或关于我以外之人，东西万国，上下古今，无一定之解决者，则以此类问题，皆关于人生，而人生为活的，故不如死物质之易以一例相绳也。试以人生观与科学作一比较，则人生观之特点，更易见矣。

第一，科学为客观的，人生观为主观的。科学之最大标准，即在其客观的效力。甲如此说，乙如此说，推之丙丁戊己无不如此说。换言之，一种公例，推诸四海而准焉。譬诸英国发明之物理学，同时适用于全世界；德国发明之相对论，同时适用于全世界。故世界只有一种数学，而无所谓中国之数学，英国之数学也；世界只有一种物理学和一种化学，而无所谓英、法、美、中国、日本之物理和化学也。然科学之中，亦分二项：曰精神科学、曰物质科学。物质科学，如物理、化学等；精神科学，如政治学、生计学、心理学、哲学之类。物质科学之客观效力，最为圆满；至于精神科学次之。譬如生计学中之大问题，英国派以自由贸易为利，德国派以保护贸易为利，则双方之是非不易解决矣；心理学上之大问题，甲曰智识起于感觉，乙曰智识以范畴为基础，则双方之是非不易解决矣。然即以精神科学论，就一般现象而求其平均数，则亦未尝无公例可求，故不失为客观的也。若夫人生观则反是：孔子之行健与老子之无为，其所见异焉；孟子之性善与荀子之性恶，其所见异焉；杨朱之为我与墨子之兼爱，其所见异焉；康德之义务观念与边沁之功利主义，其所见异焉；达尔文之生存竞争论与克鲁泡特金之互助主义，其所见异焉。凡此诸家之言，是非各执，绝不能施以一种试验，以证甲之是与乙之非。何也？以其为人生观故也，以其为主观的故也。

第二，科学为论理的方法所支配，而人生观则起于直觉。科学之方法有二：一曰演绎的；一曰归纳的。归纳的者，先聚若干种事例而求其公例也。如物理学、化学、生物学所采者，皆此方法也。至于几何学，则以自明之公理为基础，而后一切原则推演而出，所谓演绎的也。科学家之著书，先持一定义，继之以若干基本概念，而后其书乃成为有系统之著作。譬诸以政治学言之，先立国家之定义，继之以主权、权利、义务之基本概念，又继之以政府内阁之执掌。若夫既采君主大权说于先，则不能再采国民主权说于后；既主张社会主义于先，不能主张个人主义于后。何也？

为方法所限也，为系统所限也。若夫人生观，或为叔本华的悲观主义，或为莱布尼茨、黑格尔之乐观主义，或为孔子之修身齐家主义，或为释迦之出世主义，或为孔孟之亲疏远近等级分明，或为墨子、耶稣之泛爱。若此者，初无论理学之公例以限制之，无所谓定义，无所谓方法，皆其自身良心之所命起而主张之，以为天下后世表率，故曰直觉的也。

第三，科学可以以分析方法下手，而人生观则为综合的。科学关键，厥在分析。以物质言之，昔有七十余种元素之说，今则分析尤为精微，乃知此物质世界不出乎三种元素：曰阴电、曰阳电、曰以太。以心理言之，视神经如何、听神经如何，乃至记忆如何、思想如何，虽各家学说不一，然于此复杂现象中以求其最简单之元素，其方法则一。譬如罗素氏以为心理元素有二：曰感觉、曰意象。至于杜里舒氏，则以为有六类，其说甚长，兹不赘述。要之皆分析精神之表现也。至于人生观，则为综合的，包括一切的，若强为分析，则必失其真义。譬诸释迦之人生观，曰普度众生。苟求其动机所在，曰，此印度人好冥想之性质为之也；曰，此印度之气候为之也。如此分析，未尝无一种理由，然即此所分析之动机，而断定佛教之内容不过尔尔，则误矣。何也？动机为一事，人生观又为一事。人生观者，全体也，不容于分割中求之也。又如叔本华之人生观，尊男而贱女，并主张一夫多妻之制。有求其动机者，曰，叔本华失恋之结果，乃为此激论也。如此分析，亦未尝无一种理由。然理由为一事，人生观又为一事。人生观之是非，不因其所包含之动机而定。何也？人生观者，全体也，不容于分割中求之也。

第四，科学为因果律所支配，而人生观则为自由意志的。物质现象之第一公例，曰有因必有果。譬诸潮汐与月之关系，则因果为之也。丰歉与水旱之关系，则因果为之也。乃至衣食足则盗贼少，亦因果为之也。关于物质全部，无往而非因果之支配。即就身心关系，学生所称为心理的生理学者，如见光而目闭，将坠而身能自保其平衡，亦因果为之也。若夫纯粹之心理现象则反是，而尤以人生观为甚。孔席何以不暇暖，墨突何以不得黔，耶稣何以死于十字架，释迦何以苦身修行——凡此者，皆出于良心之自动，而决非有使之然者也。乃至就一人言之，所谓悔也，改过自新也，责任心也，亦非因果律所能解释，而为之主体者，则在其自身而已。大之如孔墨佛耶，小之如一人之身，皆若是而已。

第五，科学起于对象之相同现象，而人生观起于人格之单一性。科学中有一最大之原则，曰自然界变化现象之统一性（Uniformity of the course of nature）。植物之中，有类可言也。动物之中，有类可言也。乃至死物界中，亦有类可言也。既有类，而其变化现象，前后一贯，故科学中乃有公例可求。若夫人类社会中，智愚之分有焉，贤不肖之分有焉，乃至身体健全不健全之分有焉。因此之故，近来心理学家，有所谓智慧测验（Mental Test）；社会学家，有所谓犯罪统计。智慧测验者，就学童之智识，而测定其高下之标准也。高者则速其卒业之期，下者则设法以促进之，智愚之别，由此见也。犯罪统计之中所发见之现象，曰冬季则盗贼多，以失业者众也；春夏秋则盗贼少，以农事忙而失业者少也。如是，则国民道德之高下，可窥见也。窃以为此类测验与统计，施之一般群众，固无不可。若夫特别之人物，亦谓由统计或测验而得，则断断不然。歌德（Goethe）之《佛乌斯脱》（*Faust*），但丁（Dante）之《神曲》（*Divine Comedy*），沙士比尔（Shakespeare）之剧本，华格纳（Wagner）之音乐，虽主张精神分析或智慧测验者，恐亦无法以解释其由来矣。盖人生观者，特殊的也，个性的也，有一而无二者也。见于甲者，不得而求之于乙；见于乙者，不得而求之于丙。故自然界现象之特征，则在其互同；而人类界之特征，则在其各异。惟其各异，吾国旧名词曰先觉、曰豪杰；西方之名曰创造、曰天才，无非表示此人格之特性而已。

就以上所言观之，则人生观之特点所在，曰主观的、曰直觉的、曰综合的、曰自由意志的、曰单一性的。惟其有此五点，故科学无论如何发达，而人生观问题之解决，决非科学所能为力，惟赖诸人类之自身而已。而所谓古今大思想家，即对于此人生观问题，有所贡献者也。譬诸杨朱为我，墨子兼爱，而孔孟则折衷之者也。自孔孟以至宋元明之理学家，侧重内心生活之修养，其结果为精神文明。三百年来之欧洲，侧重以人力支配自然界，故其结果为物质文明。亚当·斯密，个人主义者也；马克思，社会主义者也；叔本华，悲观主义者也；柏拉图、黑格尔，乐观主义者也。彼此各执一词，而决无绝对之是与非。然一部长夜漫漫之历史中其秉烛以导吾人之先路者，独此数人而已。

思潮之变迁，即人生观之变迁也。中国今日，正其时矣。尝有人来询曰，何者为正当之人生观。诸君闻我以上所讲五点，则知此问题，乃亦不能答覆之问题焉。盖人生观，既无客观标准，故惟有返求之于己，而决不能以他人之现成之人生观，作为我之人生观者也。人生观虽非制成之品，然有关人生观之问题，可为诸君告者，有以下各项：曰精神与物质、曰男女之爱、曰个人与社会、曰国家与世界。

所谓精神与物质者：科学之为用，专注于向外，其结果则试验室与工厂遍国中也。朝作夕辍，人生如机械然，精神上之慰安所在，则不可得而知也。我国科学未发达，工业尤落人后，故国中有以开纱厂设铁厂创航业公司自任，如张季直、聂云台之流，则国人相率而崇拜之。抑知一国偏重工商，是否为正当之人生观，是否为正当之文化，在欧洲人观之，已成大疑问矣。欧战[1]终后，有结算二三百年之总账者，对于物质文明，不胜务外逐物之感。厌恶之论，已屡见不一见矣。此精神与物质之轻重，不可不注意者一也。

所谓男女之爱者：方今国内，人人争言男女平等，恋爱自由，此对于旧家庭制度之反抗，无可免者也。且既言解放，则男女社交，当然在解放之列。然我以为一人与其自身以外相接触，不论

① 欧战即第一次世界大战。——编校者

其所接所触者为物为人，要之不免于占有冲动存乎其间，此之谓私，既已言私，则其非为高尚神圣可知。故孟子以男女与饮食并列，诚得其当也。而今之西洋文学，十书中无一书能出男女恋爱之外者，与我国戏剧中，十有七八不以男女恋爱为内容者，正相反对者也。男女恋爱，应否作为人生第一大事，抑更有大于男女恋爱者，此不可不注意者二也。

所谓个人与社会者：重社会则轻个人之发展，重个人则害社会之公益，此古今最不易解决之问题也。世间本无离社会之个人，亦无离个人之社会。故个人社会云者，不过为学问研究之便利计，而乃设此对待名词耳。此问题之所以发生者，在法制与财产之关系上尤重。譬诸教育过于一律，政治取决于多数，则往往特殊人才为群众所压倒矣。生计组织过于集中，则小工业为大工业所压倒，而社会之富集中于少数人，是重个人而轻社会也。总之，智识发展，应重个人；财产分配，应均诸社会。虽其大原则如是，而内容甚繁，此亦不可不注意者三也。

至于国家主义与世界主义之争：我国向重平和，向爱大同，自无走入偏狭爱国主义之危险，然国中有所谓国货说，有所谓收回权利说，此则二说之是非尚在未决之中，故亦诸君所应注意者也。

方今国中竞言新文化，而文化转移之枢纽，不外乎人生观。吾有吾之文化，西洋有西洋之文化。西洋之有益者如何采之，有害者如何革除之；凡此取舍之间，皆决之于观点。观点定，而后精神上之思潮，物质上之制度，乃可按图而索。此则人生观之关系于文化者，所以若是其大也。诸君学于中国，不久即至美洲，将来沟通文化之责即在诸君之双肩上。

所以敢望诸君对此问题时时放在心头，不可于一场演说后便尔了事也。

原载《清华周刊》1923 年第 272 期。

玄学与科学

——评张君劢的《人生观》

丁文江

玄学真是个无赖鬼——在欧洲鬼混了二千多年，到近来渐渐没有地方混饭吃，忽然装起假幌子，挂起新招牌，大摇大摆地跑到中国来招摇撞骗。你要不相信，请你看看张君劢的《人生观》（见前文）！张君劢是作者的朋友，玄学却是科学的对头。玄学的鬼附在张君劢身上，我们学科学的人不能不去打他；但是打的是玄学鬼，不是张君劢，读者不要误会。

玄学的鬼是很利害的，已经附在一个人身上，再也不容易打得脱，因为我们打他的武器无非是客观的论理同事实，而玄学鬼早已在张君劢前后左右砌了几道墙。他叫他说人生观是“主观的”“直觉的”“自由意志的”“起于良心之自动而决非有使之然者也”“决非科学所能为力，惟赖诸人类之自身而已”，而且“初无论理学之公例以限制之，无所谓定义，无所谓

丁文江，中国地质事业的奠基人之一，创办了中国第一个地质机构——中国地质调查所。早年带领学生实地考察时，力倡“登山必到峰顶，移动必须步行”“近路不走走远路，平路不走走山路”的准则

方法”。假如我们证明他是矛盾，是与事实不合，他尽可以回答我们，他是不受论理学同事实支配的。定义、方法、论理学的公例，就譬如庚子年联军的枪炮火器，但是义和团说枪炮打不死他，他不受这种火器的支配，我们纵能把义和团打死了，他也还是至死不悟。

所以我作这篇文章的目的不是要救我的朋友张君劢，是要提醒没有给玄学鬼附上身的青年学生。我要证明不但张君劢的人生观是不受论理学公例的支配，并且他讲人生观的这篇文章也是完全违背论理学的。我还要说明，若是我们相信了张君劢，我们的人生观脱离了论理学的公例、定义、方法，还成一个甚么东西。

人生观能否同科学分家？

我们且先看他主张人生观不受科学方法支配的理由。他说：

> 诸君久读教科书，必以为天下事皆有公例，皆为因果律所支配。实则使诸君闭目一思，则知大多数之问题，必不若是之明确。……甲一说，乙一说，漫无是非真伪之标准。此何物欤？曰，是为人生。同为人生，因彼此观察点不同，而意见各异，故天下古今之最不统一者，莫若人生观。

然则张君劢的理由是人生观“天下古今最不统一”，所以科学方法不能适用。但是人生观现在没有统一是一件事，永久不能统一又是一件事。除非你能提出事实理由来证明他是永远不能统一的，我们总有求他统一的义务。何况现在“无是非真伪之标准”，安见得就是无是非真伪之可求？不求是非真伪，又从那[1]里来的标准？要求是非真伪，除去科学方法，还有甚么方法？

我们所谓科学方法，不外将世界上的事实分起类来，求他们的秩序。等到分类秩序弄明白了，我们再想出一句最简单明白的话来，概括这许多事实，这叫作科学的公例。事实复杂的当然不容易分类，不容易求他的秩序，不容易找一个概括的公例，然而科学方法并不因此而不适用。不过若是所谓事实，并不是真的事实，自然求不出甚么秩序公例。譬如普通人看见的颜色是事实，色盲的人所见的颜色就不是事实。我们当然不能拿色盲人所见的颜色，同普通所谓颜色混合在一块来，求他们的公例。况且科学的公例，惟有懂得科学的人方能了解。若是你请中国医生拿他的阴阳五行，或是欧洲中古的医生拿他的天神妖怪，同科学的医生来辩论，医学的观念，如何能得统一？难道我们就可以说医学是古今中外不统一，无是非真伪之标准，科学方法不能适用吗？玄学家先存了一个成见，说科学方法不适用于人生观；世界上的玄学家一天没有死完，自然一天人生观不能统一。但这岂是科学方法的过失吗？

张君劢做的一个表，列举九样我与非我的关系，但是非我的范围，岂是如此狭的？岂是九件可以包括得了的？我们可以照样

① 旧同“哪”（nǎ）。——编校者

加几条：

（十）就我对于天象之观念……{星占学 / 天文学}

（十一）就我对于物种之由来……{上帝造种论 / 天演论}

再加（十二）（十三）以至于无穷。为甚么单举他所列的九项？试问有神论、无神论等观念的取舍，与我所举的（十）（十一）两条，是否有绝大关系？照论理极端推起来，凡我对于非我的观念无一不可包括在人生观之中。假若人生观真是出乎科学方法之外，一切科学岂不是都可以废除了。

张君劢也似乎觉得这样列举有点困难，所以他加以说明："人生为活的，故不如死物质之易以一例相绳也。"试问活的单是人吗？动植物难道都是死的？何以又有甚么动植物学？再看他下文拿主观客观来分别人生观同科学：

物质科学之客观效力，最为圆满；至于精神科学次之。譬如生计学中之大问题，英国派以自由贸易为利，德国派以保护贸易为利，则双方之是非不易解决矣。心理学上之大问题，甲曰智识起于感觉，乙曰知识以范畴为基础，则双方之是非不易解决矣。然即以精神科学论，就一般现象而求其平均数，则亦未尝无公例可求，故不失为客观也。

诸君试拿张君劢自己的表式来列起来：

（十二）就我与我之贸易关系……{ 自由贸易 / 保护贸易 }

（十三）就我与我之知识起源……{ 感觉主义 / 范畴主义 }

试问我的（十二）（十三）与他的（一）至（九）有甚么根本的分别？为甚么前二者"不失为客观"，而大家族主义、小家族主义等一定是主观的？

学生物学的人谁不知道性善性恶和达尔文的生存竞争论同是科学问题，而且是已经解决的问题？但是他说它是主观的，是人生观，绝不能施以一种试验，以证甲之是与乙之非！只看他没有法子把人生观同科学真正分家，就知道他们本来是同气连枝的了。

科学的智识论

不但是人生观同科学的界限分不开，就是他所说的物质科学同精神科学的分别也不是真能成立的。要说明这一点，不得不请读者同我研究研究知识论。

我们所谓物，所谓质，是从何而知道的？我坐在这里，看着我面前的书柜子。我晓得它是长方的、中间空的、黄漆漆的、木头做的、很坚很重的。我视官所触的是书柜子的颜色和形式，但是我联想到木头同漆的性质，推论到它的重量硬度，成功我书柜子的概念。然则这种概念，是觉官所感触，加了联想推论，而所谓联想推论，又是以前觉官所感触的经验得来的，所以觉官感触是我们晓得物质的根本。我们所以能推论其他可以感触觉官的物质，是因为我们记得以前的经验。我们之所谓物质，大多数是许多记存的觉官感触，加了一点直接觉官感触。假如我们的觉官的组织是另外一个样子的，我们所谓物质一定也随之而变——譬如在色盲的人眼睛里头蔷薇花是绿的。所以摩根（Morgan）在他的《动物生活与聪明》（*Animal Life and Intelligence*）那部书里边叫外界的物体为"思构"（Construct）。

甚么叫作觉官的感触？我拿刀子削铅笔，误削了左手指头，连忙拿右手指去压住它，站起来去找刀创药上。我何以知道手指被削呢？是我的觉神经系从左手指通信到我脑经。我的动神经系，又从脑经发令于右手，教它去压住。这是一种紧急的命令，接到信立刻就发的，生理上所谓无意的举动。发过这道命令以后，要经过很复杂的手续，才去找刀创药上：我晓得手指的痛是刀割的，刀割了最好是用刀创药，我家里的药是在小柜子抽屉里面——这种手续是思想，结果的举动是有意的。手指的感觉痛，同上刀创药，初看起来，是两种了。仔细研究起来，都是觉官感触的结果。前者是直接的，后者是间接的，是为以前的觉官感触所管束的。在思想的期间，我觉得经过的许多手续，这叫作自觉。自觉的程度，是靠以前的觉官感触的多寡性质，同脑经记忆的能力。

然则无论思想如何复杂，总不外乎觉官的感触：直接的是思想的动机，间接的是思想的原质。但是受过训练的脑经，能从甲种的感触经验飞到乙种，分析他们，联想他们，从直接的知觉，走到间接的概念。

我的觉官受了感触，往往经过一个思想的期间，然后动神经系才传命令出去，所以说我有自觉。旁人有没有自觉呢？我不能直接感触他有，并且不能直接证明他有，我只能推论他有。我不能拿自己的自觉来感触自己的自觉，又不能直接感触人家的自觉，所以研究自觉的真相是很困难。玄学家都说，自觉的研究是在科学范围之外。但是我看见人家受了觉官的感触也往往经过了一个期间，方才举动。我从我的自觉现象推论起来，说旁人也有自觉，是与科学方法不违背的。科学中这样的推论甚多。譬如理化学者说有原子，但是他们何尝能用觉官去感触原子？又如科学说，假如我们走到其他的星球上面，苹果也是要向下落，这也不是可以用觉官感触的。所以心理上的内容至为丰富，并不限于同时的直接感触和可以直接感触的东西——这种心理上的内容都是科学的材料。我们所晓得的物质，本不过是心理上的觉官感触，由知觉而成概念，由概念而生推论。科学所研究的不外乎这种概念同推论，有甚么精神科学，物质科学的分别？又如何可以说纯粹心理上的现象不受科学方法的支配？

科学既然以心理上的现象为内容，对于概念、推论，不能不有严格的审查。这种审查方法是根据两条很重要的原则：

（一）凡常人心理的内容，其性质都是相同的。心理上联想的能力，第一是看一个人觉官感触的经验，第二是他脑经思想力的强弱。换言之，就是一个人的环境同遗传。我的环境同遗传，无论同甚么人都不一样；但如果我不是一个反常的人——反常的人我们叫他为疯子、痴子——我的思想的工具是同常人的一类的机器。机器的效能虽然不一样，性质却是相同。觉官的感触相同，所以物质的“思构”相同，知觉概念推论的手续无不相同，科学的真相，才能为人所公认。否则我觉得书柜子是硬的，你觉得是软的；我看它是长方的，你看它是圆的；我说二加二是四，你说是六。还有甚么科学方法可言？

（二）上边所说的，并不是否认创造的天才，先觉的豪杰。天才豪杰是人类进化的大原动力。人人看见苹果从树上向下落，惟有牛顿才发现重心吸力；许多人知道罗任治的公式，惟有爱因斯坦才发明相对论；人人都看《红楼梦》《西游记》，胡适之才拿来做白话文学的材料；科学发明上这种例不知道多少。但是天才豪杰同常人的分别，是快慢的火车，不是人力车同飞机。因为我们能承认他们是天才，是豪杰，正是因为他们的知觉概念推论的方法完全与我们相同。不然，我们安晓得自命为天才豪杰的人，不是反常，不是疯子。

根据这两条原则，我们来审查概念推论：

第一，凡概念推论若是自相矛盾，科学不承认它是真的。

第二，凡概念不能从不反常的人的知觉推断出来的，科学不承认它是真的。

第三，凡推论不能使寻常有论理训练的人依了所根据的概念，也能得同样的推论，科学不承认它是真的。

我们审查推论，加了“有论理训练”几个字的资格，因为推论是最容易错误的。没有论理的训练，很容易以伪为真。杰文斯（Jevons）的《科学原理》（*Principles of Science*）讲得最详细。我为篇幅所限，不能详述，读者可以求之于原书。

我单举一件极普通的错误，请读者注意。就是所谓证据责任问题。许多假设的事实，不能证明它有，也不能证明它无，但是我们决不因为不能反证它，就承认是真的。因为提出这种事实来的人，有证明它有的义务。他不能证明，他的官司就输了。譬如有一个人说他白日能看见鬼——这是他的自觉，我们不能证明他看不见鬼，然而证明的责任是在他，不在我们。况且常人都是看不见鬼的，所以我们说他不是说谎就是有神经病。

以上所讲的是一种浅近的科学知识论。用哲学的名词讲起来，可以说是存疑的唯心论（Skeptical Idealism）。凡研究过哲学问题的科学家如赫胥黎、达尔文、斯宾塞、詹姆士（W. James）、皮尔逊（Karl Pearson）、杜威以及德国马赫（Mach）派的哲学，细节虽有不同，大体无不如此。因为他们以觉官感触为我们知道物体唯一的方法，物体的概念为心理上的现象，所以说是唯心。觉官感触的外界，自觉的后面，有没有物，物体本质是甚么东西：他们都认为不知，应该存而不论，所以说是存疑。他们是玄学家最大的敌人，因为玄学家吃饭的家伙，就是存疑唯心论者所认为不可知的，存而不论的，离心理而独立的本体。这种不可思议的东西，贝克莱（Berkeley）叫它为上帝，康德、叔本华叫它为意向，毕希纳（Büchner）叫它为物质，克利福德（Clifford）叫它为心理质，张君劢叫它为我。他们始终没有大家公认的定义方法，各有各的神秘，而同是强不知以为知。旁人说他模糊，他自己却以为玄妙。

我们可以拿一个譬喻来说明他们的地位。我们的神经系就譬如一组电话。脑经是一种很有权力的接线生，觉神经是叫电话的线，动神经是答电话的线。假如接线生永远封锁在电话总局里面，不许出来同叫电话答电话的人见面，接线生对于他这班主顾，除去听他们在电话上说话以外，有甚么法子可以研究他们？存疑唯心论者说，人之不能直接知道物的本体，就同这种接线生一样：弄来弄去，人不能跳出神经系的圈子，觉官感触的范围，正如这种接线生不能出电话室的圈子，叫电话的范围。玄学家偏要叫这种电话生说，他有法子可以晓得打电话的人是甚么样子，穿的甚么衣服。岂不是骗人？

张君劢的人生观与科学

读者如果不觉得我上边所讲的知识论讨厌，细细研究一遍，再看张君劢的《人生观》下半篇，就知道他为甚么一无是处的了。他说人生观不为论理学方法所支配——科学回答他，凡不可以用论理学批评研究的，不是真知识。他说“纯粹之心理现象”在因果律之例外——科学回答他，科学的材料原都是心理的现象，若是你所说的现象是真的，决逃不出科学的范围。他再三注重个性，注重直觉，但是他把个性直觉放逐于论理方法定义之外。科学未尝不注重个性直觉，但是科学所承认的个性直觉，是“根据于经验的暗示，从活经验里涌出来的”（参阅胡适之《五十年世界之哲学》）。他说人生观是综合的，“全体也，不容于分割中求之也”——科学答他说，我们不承认有这样混沌未开的东西，况且你自己讲我与非我，列了九条，就是在那里分析他。他说人生观问题之解决，“决非科学之所能为力”——科学答他说，凡是心理的内容，真的概念推论，无一不是科学的材料。

关于最后这个问题，是科学与玄学最重要的争点，我还要引申几句。

科学与玄学战争的历史

玄学（Metaphysics）这个名词，是纂辑亚里士多德遗书的安德龙聂克士（Andronicus）造出来的。亚里士多德本来当他为根本哲学（First Philosophy）或是神学（Theology），包括天帝、宇宙、人生种种观念在内，所以广义的玄学在中世纪始终没有同神学分家。到了十七世纪天文学的祖宗伽利略（Galileo）发明地球行动的时候，玄学的代表是罗马教的神学家。他们再三向伽利略说，宇宙问题，不是科学的范围，非科学所能解决的。伽利略不听。他们就于一千六百三十三年六月二十二日（1633 年 6 月 22 日）开主教大会，正式宣言道：

1633 年 6 月 22 日伽利略被宗教裁判所判处无期监禁。

> 说地球不是宇宙的中心，非静而动，而且每日旋转，照哲学上、神学上讲起来，都是虚伪的。……

无奈真是真，伪是伪，真理既然发明，玄学家也没有法子。从此向来属于玄学的宇宙就被科学抢去。但是玄学家总说科学研究的是死的，活的东西不能以一例相绳。（与张君劢一鼻孔出气）无奈达尔文不知趣，又作了一部《物种起源》（读者注意，张君劢把达尔文的生存竞争论归入他的人生观），证明活的东西也有公例。虽然当日玄学家的愤怒不减于十七世纪攻击伽利略的主教，真理究竟战胜，生物学又变作科学了。到了十九世纪的下半期连玄学家

当作看家狗的心理学，也宣告了独立。玄学于是从根本哲学，退避到本体论（Ontology）。他还不知悔过，依然向哲学摆他的架子，说："自觉你不能研究；觉官感触以外的本体，你不能研究。你是形而下，我是形而上；你是死的，我是活的。"科学不屑得同他争口舌：知道在知识界内，科学方法是万能，不怕玄学终久不投降。

中外合璧式的玄学及其流毒

读者诸君看看这段历史，就相信我说玄学的鬼附在张君劢身上，不是冤枉他的了。况且张君劢的人生观，一部分是从玄学大家柏格森化出来的。对于柏格森哲学的评论，读者可以看胡适之的《五十年世界之哲学》。他的态度很是公允，然而他也说他是"盲目冲动"。罗素在北京的时候，听说有人要请柏格森到中国来演讲，即对我说："我很奇怪你们为甚么要请柏格森。他的盛名是骗巴黎的时髦妇人得来的。他对于哲学可谓毫无贡献，同行的人都很看不起他。"

然而平心而论，柏格森的主张，也没有张君劢这样鲁莽。我们细看他说"良心之自动"，又说"自孔孟以至于宋元明之理学家，侧重内心生活之修养，其结果为精神文明。"可见得西洋的玄学鬼到了中国，又联合了陆象山、王阳明、陈白沙高谈心性的一班朋友的魂灵，一齐钻进了张君劢的"我"里面。无怪他的人生观是玄而又玄的了。

玄学家单讲他的本体论，我们决不肯荒废我们宝贵的光阴来攻击他。但是一班的青年上了他的当，对于宗教、社会、政治、道德一切问题真以为不受论理方法支配，真正没有是非真伪；只需拿他所谓主观的、综合的、自由意志的人生观来解决它。果然如此，我们的社会是要成一种甚么社会？果然如此，书也不必读，学也不必求，知识经验都是无用，只用以“自身良心之所命，起而主张之”，因为人生观“皆起于良心之自动，而决非有使之然者也”。读书、求学、知识、经历，岂不都是枉费功夫？况且所有一切问题，都没有讨论之余地——讨论都要用论理的公例，都要有定义方法，都是张君劢人生观所不承认的。假如张献忠这种妖孽，忽然显起魂来，对我们说，他的杀人主义，是以“我自身良心之所命，起而主张之，以为天下后世表率”，我们也只好当他是叔本华、马克思一类的大人物，是“一部长夜漫漫历史中秉烛以导吾人之先路者”。这还从何说起？况且人各有各的良心，又何必有人来“秉烛”，来做“表率”。人人可以拿他的不讲理的人生观来“起而主张之”，安见得孔子、释迦、墨子、耶稣的人生观比他的要高明？何况是非真伪是无标准的呢？一个人的人生观当然不妨矛盾，一面可以主张男女平等，一面可以实行一夫多妻。只要他说是“良心之自动”，何必管甚么论理不论理。他是否是良心之自动，旁人也当然不能去过问他。这种社会可以一日居吗？

对于科学的误解

这种不可通的议论的来历，一半由于迷信玄学，一半还由于误解科学，以为科学是物质的、机械的。欧洲的文化是“物质文化”。欧战以后工商业要破产，所以科学是“务外逐物”。我再来引一引张君劢的原文：

> 所谓精神与物质者：科学之为用，专注于向外，其结果则试验室与工厂遍国中也。朝作夕辍，人生如机械然，精神上之慰安所在，则不可得而知也。我国科学未发达，工业尤落人后，故国中有以开纱厂设铁厂创航业公司自任，如张季直、聂云台之流，则国人相率而崇拜之。抑知一国偏重工商，是否为正当之人生观，是否为正当之文化，在欧洲人观之，已成大疑问矣。欧战终后，有结算二三百年之总账者，对于物质文明，不胜务外逐物之感。厌恶之论，已屡见不一见矣。……

这种误解在中国现在很时髦，很流行。因为它的关系太重要，我还要请读者再耐心听我解释解释。我们已经讲过，科学的材料是所有人类心理的内容，凡是真的概念推论，科学都可以研究，都要求研究。科学的目的是要屏除个人主观的成见——人生观最大的障碍——求人人所能共认的真理。科学的方法，是辨别事实的真伪，把真事实取出来详细地分类，然后求它们的秩序关系，想一种最单简明了的话来概括它。所以科学的万能，科学的普遍，科学的贯通，不在它的材料，在它的方法。爱因斯坦谈相对论是科学，詹姆士讲心理学是科学，梁任公讲历史研究法、胡适之讲《红楼梦》也是科学。张君劢说科学是“向外”的，如何能讲得通。

科学不但无所谓向外，而且是教育同修养最好的工具，因为天天求真理，时时想破除成见，不但使学科学的人有求真理的能力，而且有爱真理的诚心。无论遇见甚么事，都能平心静气去分析研究，从复杂中求单简，从紊乱中求秩序；拿论理来训练他的意想，而意想力愈增；用经验来指示他的直觉，而直觉力愈活。了然于宇宙生物心理种种的关系，才能彀真知道生活的乐趣。这种“活泼泼地”心境，只有拿望远镜仰察过天空的虚漠，用显微镜俯视过生物的幽微的人，方能参领得透彻，又岂是枯坐谈禅，妄言玄理的人所能梦见。诸君只要拿我所举的科学家如达尔文、斯宾塞、赫胥黎、詹姆士、皮尔逊的人格来同甚么叔本华、尼采比一比，就知道科学教育对于人格影响的重要了。又何况近年来生物学上对于遗传性的发现，解决了数千年来性善性恶的聚讼，使我们恍然大悟，知道根本改良人种的方法，其有功于人类的前途，正未可限量呢。

工业发达当然是科学昌明结果之一，然而试验室同工厂绝对是两件事——张君劢无故把他们混在一齐——试验室是求真理的所在，工厂是发财的机关。工业的利害，本来是很复杂的，非一言之所能尽。然而使人类能利用自然界生财的是科学家，建筑工厂招募工人，实行发财的，何尝是科学家。欧美的大实业家大半是如我们的督军巡阅使，出身微贱，没有科学知识的人。试问科学家有几个发大财的。张君劢拿张季直、聂云台来代表中国科学的

发展，无论科学未必承认，张聂二君自己也未必承认。

欧洲文化破产的责任

至于东西洋的文化，也决不是所谓物质文明、精神文明，这种笼统的名词所能概括的。这是一个很复杂的问题，我没有功夫细讲。读者可以看《读书杂志》胡适之批评梁漱溟“东西文化”那篇文章。我所不得不说的是欧洲文化纵然是破产（目前并无此事），科学绝对不负这种责任，因为破产的大原因是国际战争。对于战争最应该负责的人是政治家同教育家。这两种人多数仍然是不科学的。这一段历史，中国人了解的极少，我们不能不详细地说明一番。

欧洲原来是基督教的天下。中世纪时代，神学万能。文学复兴以后又加入许多希腊的哲学同神学相混合。十七十八两世纪的科学发明，都经神学派的人极端反对。伽利略的受辱，笛卡尔的受惊，都是最显明的事实。伽利略的天文学说，为罗马教所严禁，一直到了十九世纪之初方才解放。就是十九世纪之初高等学校的教育，依然在神学家手里。其所谓科学教育，除去了算学同所谓自然哲学（物理）以外，可算一无所有。在英国要学科学的人，不是自修，就是学医。一直到了《物种起源》出版，斯宾塞同赫胥黎极力鼓吹科学教育，维多利亚女皇的丈夫阿尔伯特亲王改革大学教育，在伦敦设科学博物馆、科学院、矿学院，伦敦才有高等教育的机关。化学、地质学、生物学才逐渐地侵入大学，然而中学的科学依然缺乏。在几个最有势力的中学里面，天然科学都是选科，设备也是很不完备。有天才的子弟，在中学的教育，几乎全是拉丁、希腊文字同粗浅的算学。入了大学以后，若不是改入理科，就终身同科学告辞了。这种怪状一直到作者到英国留学的时代，还没有变更。

英国学法律的人在政治上和社会上最有势力，然而这一班人，受的都是旧教育，对于科学，都存了敬而远之的观念。所以极力反对达尔文，至死不变的，就是大政治家首相格兰斯顿，提倡科学教育最有势力的是赫胥黎。公立的中学同新立的大学加入一点科学，他的功劳最大，然而他因为帮了达尔文打仗，为科学做宣传事业，就没有功夫再对于动物学有所贡献。学科学的人，一方面崇拜他，一方面都以他为戒，不肯荒了自己的功课。所以为科学做冲锋的人，反一天少一天了。

到了二十世纪，科学同神学的战争，可算告一段落。学科学的人，地位比五十年前高了许多，各人分头用功，不肯再做宣传的努力。神学家也改头换面，不敢公然反对科学，然而这种休战的和约，好像直奉山海关和约一样，仍然是科学吃亏，因为教育界的地盘都在神学人手里。全国有名的中学的校长，无一个不是教士。就是牛津的分院院长，十个有九个是教士。从这种学校出来的学生，在社会上、政治上势力最大，而最与科学隔膜。格兰斯顿攻击达尔文，我已经提过了。做过首相外相的巴尔福很可以做这一派人的代表。他著的一部书叫《信仰的基础》(*The Foundation of Belief*）依然是反对科学的。社会上的人，对于直接有用的科学，或是可以供工业界利用的科目，还肯提倡，还肯花钱。真正科学的精神，他依然没有了解：处世立身，还是变相的基督教。这种情形，不但英国如此，大陆各国同美国亦大抵如此。一方面政治的势力都在学法律的人手里，一方面教育的机关脱不了宗教的臭味。在德法两国都有新派的玄学家出来宣传他们的非科学主义，间接给神学做辩护人。德国浪漫派的海格尔的嫡派，变成功忠君卫道的守旧党。法国的柏格森拿直觉来抵制知识。都是间接直接反对科学的人。他们对于普通人的影响虽然比较小，对于握政治教育大权的人，却很有伟大的势力。我们只要想欧美做国务员、总理、总统的从来没有学过科学的人，就知道科学的影响，始终没有直接侵入政治了。不但如此，做过美国国务卿、候补大总统的白赖安（Bryan）还要提倡禁止传布达尔文的学说，一千九百二十一年（1921年）伦敦举行优生学家高尔顿的纪念讲演，改造部总长纪载士（Gedds）做名誉主席的时候居然说科学知识不适用于政治。他们这班人的心理，很像我们的张之洞，要以玄学为体，科学为用。他们不敢扫除科学，因为工业要利用它，但是天天在那里防范科学，不要侵入他们的饭碗界里来。所以欧美的工业虽然是利用科学的发明，他们的政治社会却绝对缺乏科学精神。这和前清的经师尽管承认阎百诗推翻了伪《古文尚书》，然而科场考试仍旧有伪《尚书》在内，是一样的道理。人生观不能统一也是为此，战争不能废止也是为此。欧战没有发生的前几年，安吉尔（Norman

Angell)作一部书，叫作《大幻想》(*The Great Illusion*)，用科学方法研究战争与经济的关系，详细证明战争的结果，战胜国也是一样的破产，苦口反对战争。当时欧洲的政治家没有不笑他迂腐的。到了如今，欧洲的国家果然都因为战争破了产了。然而一班应负责任的玄学家、教育家、政治家却丝毫不肯悔过，反要把物质文明的罪名加到纯洁高尚的科学身上，说它是“务外逐物”，岂不可怜！

中国的“精神文明”

许多中国人不知道科学方法和近三百年经学大师治学的方法是一样的。他们误以为西洋的科学，是机械的、物质的、向外的、形而下的。庚子以后，要以科学为用，不敢公然诽谤科学。欧战发生，这种人的机会来了。产生科学的欧洲要破产了！赶快抬出我们的精神文明来补救物质文明。他们这种学说自然很合欧洲玄学家的脾胃。但是精神文明是样甚么东西？张君劢说：“自孔孟以至宋元明之理学家侧重内心生活之修养，其结果为精神文明。”我们试拿历史来看看这种精神文明的结果。

提倡内功的理学家，宋朝不止一个，最明显的是陆象山一派，不过当时的学者还主张读书，还不是完全空疏。然而我们看南渡时士大夫的没有能力，没有常识，已经令人骇怪。后来，江南的人被屠割了数百万，汉族的文化几乎绝了种。明朝陆象山的嫡派是王阳明、陈白沙。到了明末，陆王学派，风行天下。他们比南宋的人更要退化：读书是玩物丧志，治事是有伤风雅。所以顾亭林说他们“聚宾客门人之学者数十百人……与之言心言性。舍多学而识以求一贯之方，置四海之困穷不言，而终日讲危微精益之说。”士大夫不知古又不知今，“养成娇弱，一无所用”。有起事来，如痴子一般，毫无办法。我们平心想想，这种精神文明有什么价值？配不配拿来做招牌攻击科学？以后这种无信仰的宗教，无方法的哲学，被清朝的科学经师费了九牛二虎之力，还不曾完全打倒。不幸到了今日，欧洲玄学的余毒传染到中国来，宋元明言心言性的余烬又有死灰复燃的样子了！懒惰的人，不细心研究历史的实际，不肯睁开眼睛看看所谓“精神文明”究竟在什么地方，不肯想想世上可有单靠内心修养造成的“精神文明”。他们不肯承认所谓“经济史观”，也还罢了，难道他们也忘记了那“衣食足而后知礼节，仓廪实而后知荣辱”的老话吗？

言心言性的玄学，“内心生活之修养”，所以能这样哄动一般人，都因为这种玄谈最合懒人的心理，一切都靠内心，可以否认事实，可以否认论理与分析。顾亭林说得好：

> ……躁竞之徒，欲速成以名于世，语之以五经，则不愿学；语之以白沙阳明之语录，则欣然矣。以其袭而取之易也。

我们也可套他的话，稍微改动几个字，来形容今日一班玄学崇拜者的心理：

今之君子，欲速成以名于世，语之以科学，则不愿学；语之以柏格森杜里舒之玄学，则欣然矣。以其袭而取之易也。

结　论

我要引胡适之《五十年世界之哲学》上的一句话来做一个结论。他说：

我们观察我们这个时代的要求，不能不承认人类今日最大的责任与需要是把科学方法应用到人生问题上去。

科学方法，我恐怕读者听厌了。我现在只举一个例来，使诸君知道科学与玄学的区别。

张君劢讲男女问题，说“我国戏剧中十有七八不以男女恋爱为内容”。他并没有举出甚么证据，大约也是起于他“良心之自动，而决非有使之然者也”。我觉得他提出的问题很有研究的兴味。一时没有材料，就拿我厨子看的四本《戏曲图考》来做统计。这四本书里面有二十九出戏，十三出与男女恋爱有关。我再看《戏曲图考》上面有“刘洪升杨小楼秘本”几个字，想到一个须生，一个武生的秘本，恐怕不足以做代表。随手拿了一本《缀白裘》来一数，十九出戏，有十二出是与男女恋爱有关的。我再到了一个研究曲本的朋友家里，把他架上的曲本数一数，三十几种，几乎没有一种不是讲男女恋爱的。后来又在一个朋友家中借得一部《元曲选》，百种之中有三十九种是以恋爱为内容的，又寻得汲古阁的《六十种曲》，六十种之中竟也有三十九种是以恋爱为内容的！张君劢的话自然不能成立了。这件事虽小，但也可以看出那“主观的、直觉的、综合的、自由意志的、单一性的”人生观是建筑在很松散的泥沙之上，是经不起风吹雨打的。我们不要上他的当！

原载《努力周报》1923年第48期，有删改。

我的人文和科学观

葛剑雄 |

多年前，一些学者发起了一场有关人文精神的讨论，当时我虽也颇为关注，但对“人文精神”的确切含义并不十分明白，而且参与讨论或卷入争论的人似乎也没有统一而明确的说法。争论的双方都有我的朋友，我也曾将双方的一些意见作过沟通。尽管我的努力似乎并没有弥合双方的分歧，但我却发现，他们的观点其实有不少共同的地方，即使看来针锋相对的提法，如果撇开抽象的概念，把话说得明白一点，也不会水火不相容。

究竟什么是人文精神？我一度想弄个明白。但稍一留意就急流勇退，因为这个问题的答案即使不会超过对“文化”所作的定义，大概也少不了多少。所以，我放弃了寻找标准答案的念头，而代之以考虑一种自己的定义。我一直认为，对不同的定义，每个人都能自由地取舍，只要自己一以贯之，遵守选定的定义，或者在葛剑雄，复旦大学资深教授、中国历史地理研究所博士生导师，教育部社会科学委员会历史学部委员，“地球未来计划”中国国家委员会委员，中央文史研究馆馆员，上海文史研究馆馆员。1996—2007年任复旦大学中国历史地理研究所所长，2007—2014年任复旦大学图书馆馆长，曾任中国历史学会理事、上海市历史学会副会长、中国秦汉史研究会副会长、中国地理学会历史地理专业委员会主任等。从事历史地理、中国史、人口史、移民史、文化史、环境史等方面研究。

需要改变时加以说明就可以了。更重要的是，我们应该明白，人文精神对我们自己、对我们所处的社会、对人类究竟意味着什么？

近年来，商品经济大潮的冲击固然是促使我思考人文精神的重要因素，但随着环境保护日益受到人们的重视，人类与自然环境的关系也迫使我更多地考虑人的价值，即在人类与环境的关系中人类应该处于什么样的地位。在《未来生存空间·自然空间》一书中我说明了我的观点，最近的南极之行使我更坚定了原来的信念。

由于要探求人类与自然的关系，不可避免要涉及科学技术的作用，使我不得不将人文观与科学观联系起来，或者说在思考人的价值和人的作用时比较注意从科学的角度作一番考察，看看是否现实，是否可行。同时，由于我所从事的专业——历史地理——兼有人文社会科学和自然科学的特征，研究的过程也在不断加强我的思考。

不过，我至今还没有形成自以为完整的人文观和科学观，要不是本书编者的推动，我还没有勇气写这篇文章。也正因为如此，本文不是系统的论述，只是与此有关的一些想法。

人要不要精神生活？

这些年来，一些人常表现出赤裸裸的物欲，上至党政高官，下至平民百姓，以致历来被视为神圣纯洁的学术、教育、文艺、医务、宗教、司法各界中，都有那么一些人，公然为追求个人的物质利益，不择手段，不知羞耻，甚至不顾法律，不计后果。尽管表现方式不同，这些人所信奉的都是钱和物。这并不是说他们不可以要名誉和地位，但就他们的目的而言，名誉和地位只是换取金钱的手段，对不能为他们带来利益的名誉和地位，他们完全可以弃之如敝屣。如果说，以前有人还会给自己的行为找个借口，或者盖上一块遮羞布，现在却已堂而皇之，甚至可以提出理论根据。说一句大白话，就是在这世界上，只有钱是真的，其他都是假的。

在这里我不想讨论自私自利或个人主义的问题，也不想涉及公与私的关系，上述现象的出现当然与此有关，我只想说一点，除了物质生活之外，人要不要精神生活？

表面看来，那些人追逐的只是某一样具体的东西，如一台彩电、一辆汽车、一套房子或者一叠票子，即使如此，在物的背后也还有物质以外的东西。任何一种用品，除了它的实用功能外，一般都有其象征性的、心理的、精神的功能，往往会与身份、地位或权力有关，而且会因地因时而异。例如，在改革开放之初，一部单喇叭录音机就足以炫耀拥有海外关系或外汇，提着它在大街上走过，必定会招来啧啧称奇的议论和无比羡慕的注目礼。但如果今天再有人用它招摇过市，不是被当作找不到工作的民工，就会被人怀疑精神不大正常。当初这部录音机对主人来说，绝不仅仅限于录音或放音，或许他还不懂如何操作，显然更大程度上是一种精神的满足。同样，在今天穿一条牛仔裤，除非是顶级名牌或十分特殊，否则绝不会引起旁人的关注，所以穿的人只是考虑是否舒适或是否美观。但如果在改革开放之前，如果有人穿牛仔裤，那肯定是出于精神方面的考虑——要么是刻意追求“资产阶级生活方式”，要么是出于一种特殊的审美情趣，以致不惜冒受到鄙视乃至批判的风险。

显然，那种声称不需要精神生活的人并非没有精神生活，只是自己不觉得，或者故意不承认而已。当然也有的人是由于物质生活的极度贫乏，因而不得不放弃对精神生活的追求。例如，一些知识分子长期处于贫困状态，除了设法维持温饱之外，已经没有任何精神享受，久而久之对精神生活就会麻木不仁。但即使在这样的条件下，人性对精神生活的渴望也会顽强地表现出来，就连尚未脱贫的农户过年时也会在家里贴上春联和窗花，在门上倒贴一个“福”字。另一类物质生活已经极其丰富的人却还在拼命攫取财富，他们得到的钱和物已经远远超出了实际需要，甚至为如何花掉这些钱、用掉这些物而发愁。如果仅仅是为了物质利益，他们完全不必这样做。当一个富商在他十只手指套上沉重的足金宝石戒指时，当一位贪官不时在计算他的赃款增加了几个零时，当一群暴发户在豪华酒店斗富时，难道能说他们没有精神生活？至于人们在政治压力或暴力作用下被迫放弃某种精神生活时，他们必定已被要求接受另一种精神生活。“文革”期间红卫兵彻底“破四旧”的结果是毁灭了大量人类文明的精华，剥夺了大批人享受精神生活的权利。

过度强调精神生活，甚至企图以虚幻的精神生活来抑制或取代物质生活，无疑是不现实的，或者只能以虚伪的形式而存在。尤其是在人们基本的物质生活都没有保障的情况下，盲目地提倡和追求精神生活，结果往往连正常的物质生活都会受到影响。除非实行强制手段，或者采用迷信欺骗，一般人不可能在衣食不继的情况下追求精神生活。一个国家或一个民族如果不顾具体条件，将过多的精力和物力用之于精神生活，必然会影响自身的进步和发展。古代中国社会曾经有过相当发达的精神生活，创造过灿烂的精神文明。在一个完全依靠手工劳动的农业社会中，这样的追求几乎已经到了最大限度。但是，中国古代知识分子中，除了少数已经担任了行政官员的人多少从事一些行政管理方面的工作外，绝大多数文人并不直接或间接地参加生产劳动和科学研究，也很少学习儒家经典和传统的人文学科以外的知识。他们不仅鄙视体力劳动，也蔑视经营管理和科学技术。中国历史上不乏杰出的文学家、诗人、画家、书法家和人文学者，但科学家、有文化的技术人才却与知识分子的总数不成比例，少数今天被我们称之为科学家的人，往往也是科场或官场失意后的业余爱好者，或者是有职务之便可利用，例如有资格参与天象的观察、历法的修订，或者保管着地图和档案。

但是如果走到另一个极端，忽视社会对正常的精神生活的需要，看不到精神生活对社会进步和人口素质提高的重要性，甚至将“经济效益”“为现实服务”作为衡量科学研究和学术活动的唯一标准，就会带来灾难性的后果。因为仅仅要满足人们最低限度的物质需求，任何一个社会都不难做到的。而且如果将人的需求都物化了，例如，吃饭就是为了获取必要的营养和热量，那只要生产达到标准的复合食品就行了；如果穿衣只是为了保暖和遮羞，那也只要制造统一的制服就行了。可是对大多数人来说，吃饭和穿衣并非简单的物质需要，而同时也是一种精神享受，所以才有所谓的饮食文化或服饰文化。随着生产的发展，要满足人们对基本物质生活的需求已经变得越来越简单，越来越容易。衡量一个社会的发达程度，精神生活所占的比例必定会越来越高。如果社会对精神生活的需求不足，剩余的生产力就会无用武之地，经济的发展会缺乏动力。另一方面，人们的余暇时间会越来越多，除了用于健身养生之外，都离不开精神生活。这反过来又对精神生活提出了更高的要求，从事精神生产的人应该越来越多，才能满足全社会在这方面的需求。

追求精神生活是人类的天性，也是人类与动物的主要区别。但精神生活离不开人的个性，不能简单地复制，也不一定能不断进步。前人在精神方面的高峰，或许永远没有人再能超越。精神方面的活动主要是通过人来传播的，一旦中断，或许再也无法恢复。精神活动的价值既不能用物质来计算，也难以用现实来判断，今天视为无用的东西或许正是前人经验的结晶和未来智慧的源泉。所以，尽管在一段时间内不讲求精神生活，甚至完全停止精神活动，当时似乎没有什么明显的影响，用毛泽东的话说“地球照样在转”，但这样的中断肯定会导致某些精神活动的衰退或断绝，尤其是那些不绝若线的孤门绝学。

衣食足就能知荣辱吗?

十多年前曾经参加过一位领导召开的座谈会，在他花了两个多小时谈如何将城市建成现代化的国际大都市后，我问他：“你没有谈到文化教育，如果没有现代化的文化教育，一个城市能成为现代化的国际大都市吗？”他的回答相当坦率：“给我几年时间，等我将经济理顺了，手里有了钱，一定会发展文化教育。”尽管我不完全赞成他的看法，因为不重视的原因并非完全是没有钱，但我还是欣赏他的基本立场——一旦有了钱就会发展文化教育。

不过这并不是一般性的规律，即政府手里有了钱就自然而然会去发展文化教育，或者说有了钱，精神生活就会丰富，质量必定会提高。精神生活当然要有一定的物质基础，不能指望人们会饿着肚子去欣赏古典音乐，也不能要求连续几个月领不到工资的山村教师讲究仪表风度。即使我们能找到这样的例子，但肯定不会有任何代表性。衣食足了才有重视荣辱的基本条件，自古以来都是如此，今后也不会例外。问题是此话能不能倒过来说，衣食足了就必定能知荣辱吗？前些年的确有不少人认为，只要中国的经济发展了，文化教育、科学技术、人口素质、社会风尚，都可以自然提高，现在一二十年过去了，这样的必然结果是否都出现了呢？回到前面那位领导的意见，一个国家或一个地方的政府有了钱，是否都会大力发展文化教育呢？显然未必。

反对我的意见的人会举出中国历史上的例子：一次次的改朝换代，无数人事沧桑，多少草莽英雄、贩夫走卒、平民百姓成了帝王卿相、达官贵人，甚至文人雅士，开国之初或得势伊始，他们或许粗俗不堪，胸无点墨，甚至士人落魄，斯文扫地，但稍假时日，或数代以后，这些人的后裔无不知书达礼，至少也会冒充斯文，皇帝同样会稽古右文，士人照样得到重用。二三千年来中国文化包括其精神文明方面，虽然经历了无数次破坏，但屡废屡兴，长盛不衰。依照他们的说法，目前的情况不过是兴衰间的一个过程，随着经济的发展和时间的推移，文化的提高和精神生活的丰富是自然而然之事，就像中国历史上曾经一次次重复出现的那样，所以完全不必作杞人之忧。但是他们忽视了一个基本的历史事实：从春秋战国至清朝取代明朝，中国基本价值观念和文化走向一直没有改变，所以任何王朝如果要确立其政治地位，巩固其统治，就不得不接受这一传统并且加以利用。甚至连入主中原的异族统治者，尽管已经是军事上的征服者，最终却只能成为文化上的被征服者。所以，尽管改朝换代，家族兴替，文化或精神的传带者可以变化，但文化或精神本身没有改变，谁想成为统治者、社会的上层或拥有文化和精神财富的人，就只能接受传统的文化或精神。由于传统精神武器从未丧失，因此即使是在大乱之后，知识分子也会充满自信，为传统文化的复兴作不懈的努力。而且由于不存在其他更强大、更有生命力的新文化的竞争，统治者、知识分子和整个社会也别无选择。汉朝的开国皇帝刘邦没有文化，最看不起儒生，以至当着众人的面拿儒生的帽子当尿壶。但投奔刘邦的前秦朝博士叔孙通千方百计使他认识到可以“马上得天下”却不能靠“马上”治天下的道理，使他亲身体会到按照儒家礼制做皇帝的尊严，开始重视儒生的作用。经过叔孙通等儒生不懈的努力，儒家学说在汉朝达到了至高无上的地位。要是汉朝的皇帝找到了其他治理天下的精神武器，要是儒生们不坚持自己的学说和人格，为了顺从刘邦而将自己的帽子全部改成尿壶，结果又会怎样呢？前一个条件当然是重要前提，但后一个条件是同样重要的。如果没有叔孙通等知识分子的坚持，刘邦等统治者不会自动接受自己原来不熟悉、不喜欢、不合自己兴趣的传统文化或精神武器，即使他们已经有了足够权力，即使社会经济已经恢复和发展了，也完全可能将掌握着的人力物力用之于穷兵黩武，修建宫室陵墓，求神访仙。

还有的人会以美国为例：美国开发之初也是物欲横流，人们不惜一切手段寻求土地、黄金，剥削黑奴。不少产业巨头既无文化，也不讲究道德，起家的手段并不正当。但随着经济的发展，美国早已跻身于文化发达国家之列，比之于西方文化传统悠久的国家来也毫不逊色。那些产业巨头也已繁衍出文化层次高的家族，俨然精神贵族。而兴办学校、图书馆、博物馆、医院或各种慈善事业所需款项，相当大一部分就出于富翁的捐赠。在他们看来，中国只要能像美国那样成为经济强国，也自然会成为文化富国，有了强大的物质基础，精神文明的发达就是必然结果。其实，他们又忽略了两个主要的因素：一是西方传统价值观念的作用，一是美国政治制度的作用。美国初期的人口虽然是以因种种原因逃离欧洲的移民为主，但西方价值观念并没有因为他们迁离欧洲而削弱。实际上，从首批移民乘“五月花”号到达新大陆之际，从十三州宣布独立之初，西方的价值观念从未在美国中断过。在商品经济飞速发展的过程中，美国的基本价值观念也没有改变过。那种认为美国因商品经济发达而“一切向钱看”，不要传统文化，不讲究精神生活，完全是出于误解。还应该看到，英国、法国等欧洲国家，或者说美国人的母国，在相当长的一段时间里，一直是美国精神文明的源泉和榜样。即使欧洲人长期视美国人为暴发户，讥笑美国人是不文明的乡下人，客观上正是为了促使美国在精神文明上的进步，希望他们对欧洲文化亦步亦趋。在这样的文化环境下，新兴的美国人也充分意识到自己在精神文明上的差距。那些暴发后的亿万富翁为了摆脱自己的卑微出身，改变致富过程中的罪恶形象，只有根据西方传统文化的要求重塑自己，教育后代。其他由温饱步入小康和富裕的美国人大多也经历了这样的过程。如果说价值观念或宗教信仰只能起到引导和规范作用，法律则扮演了强制的角色。有关遗产继承、捐赠文教和慈善事业减免税等法律法规，迫使美国的大小富翁将大笔资产用之于文化、教育、艺术、科学、公益和慈善事业，使全社会对精神文明的投入大幅度增加。

反观中国的情况，就不容乐观，因为我们正是缺少这两方面的条件。

衣食足只是提供了知荣辱的物质条件，是否能真知荣辱，至少还要有价值观念的改变以及建立建全与物质文明的进步相适应的法律和制度两方面的条件。

人文精神与以人为本

我认为，人文精神的精髓和本质就是以人为本，将人类的利益放在首位。人类有物质利益，也有精神需求，两者固然不能相互替代，也不能偏废，但对不同的人，在不同的场合、不同的阶段，会有不同的侧重点。对衣食不继的人来说，解决生存问题自然是当务之急，但即使对挣扎在饥饿线或死亡线上的人，也不能无视他们的精神需求和人格尊严。

以人为本的另一个原则，就是推己及人。自己是人，别人也是人。对自己讲人文精神，对别人也要讲人文精神。关心人，但不强加于人。己所不欲，勿施于人。己所欲，未必就能施于人，还得看别人是否需要，是否愿意。

以人为本，看来十分简单明白，不过遇到实际问题时，一些人的想法和做法往往与这一原则相悖，包括一些自以为很有人文精神或很文明的人。

十多年前，在哈佛大学一所宿舍楼的大厅中，一位娶了洋太太

而自然成为洋人的青年在展出他的画。一幅素描上画着一大片低矮的草房和木板房，他特意在上面写着："这是我家乡的旧房，可惜现在已经被拆除，建成毫无特色的新房。"我问了他一句："你家乡人喜欢住旧房还是住新房？"他支支吾吾没有回答。画上的旧房显然并无多少特色，更不像是值得保存的文物，至少在画上没有专门说明，为什么他非得让自己的家乡父老一直在旧房中住下去？此人如果十分恋旧，完全可以不离开家乡，长住在那样的房子中发思古之幽情，或者好好体会一下其中的人文精神。人在美国，也可以掏些美元出来，请家乡人保留一些下来。但即便如此，他也没有资格阻止家乡人自愿迁居新房。至于新建筑毫无特色，也得看具体原因，刚解决温饱时顾不得那么多，也是情理中事。

类似的情况其实经常能遇到。住在独门小院或高层套房中的专家学者们大谈石库门房子和四合院的优点，现在的石库门和四合院如何宝贵，住在里面如何有文化情趣，却根本不顾目前大多数石库门、四合院早已住上了"七十二家房客"，成了充分利用、无限分割的大杂院。哪里还有什么优点可言？专家学者们考虑过如何维护这些住户的基本人权、改善他们的居住条件吗？还有些居住在明清古屋中的居民，不仅要忍受房倾屋漏、冬冷夏热之苦，还得面对每天拥来的大批游客，甚至夏天午睡时也得面对门窗外指指点点的人群。在我亲眼看到这一幕时，听到的是主人愤怒的声音："这房子怎么不早点坍了！"

我这样说并不是反对保护文物，包括保护有价值的旧建筑和成片的旧民居，更不是主张要一律拆除，而是认为研究这些问题时都不能离开对人的关怀，既要考虑他们自己和其他观赏者的兴趣，更应该顾及居民和当事人的权益。我曾经在江西乐安县的千年古村——流坑村作过考察，发现那些积淀着深厚文化基础的古建筑在经历了千百年的风霜之后，已经无法满足村民的居住要求和精神生活。有的是古建筑的先天不足，如年久失修，摇摇欲坠；厅堂以外的建筑面积狭小，通风和采光条件很差；建筑密度过大，人口增加后没有扩展余地。有的则是变革后的生产方式和社会制度造成的，如流坑村当年的经济繁盛是依靠竹木贸易和水运，其文化的发达也离不开科举制度和当地人雄厚的财力，而今这些都已不复存在，名人用过的书房只能改作卧室，或者用来堆放柴草，甚至权充猪圈。留在村里的人至多只有中学文化程度，就是要打工的青年也只能远走他乡，守着老屋、翻着族谱的老人中几乎没有人真正了解本族本地的历史。如果我们真讲人文精神，难道能不首先关怀这里的人？反之，如果离开了生活在这个古村中的人，即使将这一批古建筑保住了——且不说需要多大的代价或者实际上是否可能——与古建筑同在的文化也就永远消失了。

这些年来环境保护越来越受到重视，这无疑是人类的一种进步。从中国的现实看，环境保护还刚刚开始，还做得很不够。但与此同时，我们也必须面对这样的现实问题：环境保护的根本目的是什么？是为了环境本身，还是为了生活在环境中的人？在环境保护与人的利益发生冲突时，应该如何协调两方面的利益，平衡两者的关系？

如果将我们所处的环境分为两部分，即社会环境与生态环境，前者自然与人类活动密切相关，就是后者，只要有人类存在，也难以再保持纯粹的生态平衡，实际早已变成了人类生态系统。人类的利益和需求不可能与所在的生态系统完全一致，即使是关系到长远利益时，人类首先也要考虑自己的生存和繁衍。要是人类自己灭绝了，或者在这一生态系统中的人灭绝了，那么这一生态系统对于人类来说，就不会有什么意义。如果一种昆虫所吃的是人类所必需的粮食，人绝不会等到粮食被昆虫吃完了，再等昆虫的天敌来消灭它们。如果土地的肥力不足以保证粮食的生产，人可能会放火烧掉地面的植被，或者杀死一批小动物或砍下一些植物当肥料；在工业发达后也可能生产出化学肥料，不能为了保持生态平衡而听任土地保持贫瘠。在生存与破坏生态平衡不能两全时，人类只能选择生存，哪怕这样做会留下长期的祸患。在提高自己的生活水平与破坏生态环境产生矛盾时，人类可以有所选择和调整，向自然环境作暂时的妥协，但也不会放弃对提高生活水平的追求。

在人类生态系统中，人是主人，是本位。人不应该也不可能仅仅为了自然的完美与和谐才去保护环境，只能为了自身的生存和发展去追求自然的完善与和谐，而且判断自然是否完美与和谐的标准只能由人来决定。离开了人和人的利益，自然环境、生态系统对人类又有多大的意义呢？为了保护环境，维护生态平衡，可以在某一段时间内让某些人牺牲一些利益，但首先必须保证他们的生存。正如适度人口规模只能通过人类自觉的控制来达到，而不能用天灾人祸使一部分人消失一样。当一头濒危动物危及一个人的生命时，当然最好的办法是在不伤害它的情况下保护人的安全；但如果只能在两者间作出选择的话，就只能选择人，即使那是一头世界上独一无二的动物。同样，在一些人的最低生活水平还无法推持的条件下，即使他们的生产方式有害于环境保护，也只能暂时容许，除非其他人能够在不损害他们尊严的前提下提供足够的帮助，使他们先摆脱困境。一头鲸在发达国家的海滩上搁浅，人们千方百计将它推入海中加以解救，但当它搁浅在非洲海滩时却被饥饿的人们当食品吃了。我们固然应该赞扬解救鲸的人，但也没有理由指责吃掉它的饥民，如果他们确实找不到其他食品又没有得到及时救助的话。如果有谁应该受到批评，那就是为什么世界上其他地方的人竟然没有给他们必要的救援，而与此同时一些人正为改善他们宠物的生活条件不遗余力。国际保护南极海豹的条约就将“必要时作为人与狗的食物”列为允许捕猎海豹的例外情况之一，如果在南极活动的人以及为他们拉雪橇的狗到了不得不以海豹肉维持生命时，平时的保护对象海豹也只能作出牺牲。这样的规定充分体现了国际社会对人的生命的珍惜和对“以人为本”原则的共识。我并不反对保护动物，将人类的爱心施及动物本身就是人文精神的体现——连动物都会受到人的保护，人对同类无疑更应该关怀有加。何况任何事情都有次序，有轻重缓急。与人相比，动物毕竟是第二位的，动物的利益岂能与人类的利益相提并论？

人文精神与科学精神

说到底，人文精神只是一种理念。要使这种理念转化为物质力量，就离不开科学精神。

庄子“一尺之棰，日取其半，万世不竭”的说法经常被人们引用，作为中国古人早已认识到物质可以被无限分割的例证。但我们不得不承认，庄子的说法只是一种哲学观念，或者说是一种逻辑推理的结果。“日取其半”，这“半”是永远存在的；如果说哪一天“竭”了，那这一半跑到哪里去了呢？但是从单纯的逻辑推理，也有人可以从另一个角度来反驳：“日取其半”是有限度的，因为到了一定的程度，人已经没有能力“日取其半”了，所以等不到“万世”，这一过程就停止了。无论如何，这一说法并不说明两千多年前的庄子已经充分认识到了物质可以被无限分割的真理，更不能证明当时人已经提示了物质结构的秘密，了解了分子、原子、中子、质子，或者掌握了纳米技术。只有科学发展到了一定的阶段，这一说法才得到了验证，它的科学意义才得到了阐发。

现在往往将“天人合一”解释为人类与自然的和谐相处，其实这是今人对这四个字赋予的新含义，并不符合这句话的原意。不过，在中国古代哲人的确不乏这方面的精辟见解，概括起来，都主张保持人类与自然的和谐，而不是对自然无限制地索取；认识到人类的局限，而不是将人类的意志强加于自然；注意自然界的休养生息，保持生态的自然平衡，才符合人类的根本利益；爱护人类，也爱护人类赖以生存的自然。但这些认识并没有成为人类的自觉行动，在相当长的一个历史阶段中，自然环境遭受的破坏越来越严重，而主要的破坏因素恰恰是人类的活动。原因何在？就是人类缺乏科学，不能在与自然相处中掌握主动。在极其复杂的自然现象和自然规律面前，仅仅凭着一种善意、一种良知、一种观念，而不了解自然界的实际情况和基本规律，想和谐也和谐不了。

应该承认，即使是一位平庸的统治者，对关系国计民生的大事，也不会不认真办理。例如，资源的利用怎样才算适度？土地利用的方式怎样最有效？水旱灾害怎样才能减少？如果有正确的答案，他们不会不听。可惜长期以来，没有人能够找出正确的解答。乾隆四十六年（1781 年），黄河在江苏、河南决口。第二年，朝廷派出的特使阿弥达再次出发探寻黄河的正源，因为当时人认为，只有找到黄河真正的源头，在那里祭祀河神，才能使河神显灵，保证黄河的安流。乾隆皇帝和他的臣子可谓用心良苦，结果却无济于事。要是当时就能对黄河水患的形成作出科学的分析，就不至于把希望寄托在河神身上。

即使对自然规律有所了解，也还得有一定的物质基础，才能使正确的认识产生实际作用。例如，早在西汉时人们就已注意到了黄河夹带的巨大泥沙量，也知道这些泥沙的危害。此后直到清朝，不断有学者指出，山区或河流上游的滥垦滥伐是导致中下游河道淤塞、水旱灾害频繁的根源。但在无法缓解人口压力，使大批无地少地的农民和嗷嗷待哺的灾民有饭可吃的情况下，谁又能

制止他们疯狂地涌向山区，采用掠夺开垦方式，以便养活他们自己呢？明朝初年，当局曾将地处今湖北西北部与陕西、河南交界的荆襄山区划为禁区，这固然是为了防止它成为潜在的反势力的基地，但客观上也起了维护生态平衡、防止水土流失、涵养水源的作用。可是当不断涌入的流民、灾民达到数十万，当局的军事镇压和武力遣送已经无济于事时，就不得不同意他们就地入籍，并设置了新的行政区域。清代中期以降，类似的情况一次次在汉水上游、南方山区、云贵高原重演，但政府除了采取默许态度或最终给予承认以外，确实想不出更好的办法，因为谁也无法使如此多的流民和贫民有饭吃、有田种。而要解决这些实际问题，除了充分运用科学和技术手段之外，是别无选择的。所以，仅仅从人文精神出发关怀人类，充其量只是给被关怀的对象一种精神享受或精神力量；要把这种精神转化为物质基础，只能依靠科学技术。

即使是科学技术的观念或想法，也只有变成现实之后，才能产生物质产品和社会影响。李约瑟主编的《中国科学技术史》从大量史料和实物中发掘出了中国古代在科学技术上的成就，但必须注意的是，书中举出的不少成就实际上只具有思想史上的意义，只说明当时人已经有了这样的观念。但这种观念一般都没有引起当时社会的注意，更没有变为生产力，制造出具体的产品，甚至连提出这种想法的人自己也没有意识到它的意义和后果。比起没有这种想法或观念的人来说，这当然是一种领先或成就，但与已经产生了经济效益与社会影响相比，毕竟有本质的区别。从提出或假设一个科学原理，到进行证实并加以运用，还需要长期的艰苦努力，有的到现在还没有成功。

还应该指出，前人的一些科学观念一般都不会是完整的，有的只包含了若干科学成分，有的只是一些基本的、普遍性的原理，不顾实际地一味夸大拔高，加以神秘化，就会产生迷信。而且其中科学、合理的成分发展到今天，早已为更加先进完整的体系所取代，除了要进行科技史的研究之外，一般人根本没有必要再学习，更不必奉若神明。

像被一些人吹得神乎其神的风水，在地理学思想史上的确具有重要的地位，因为它反映了古人对地理环境的认识和选择，包含了科学的成分，如对环境的整体评价，对地表水、地下水、流沙、岩洞、地形、地势、方向、风向、降水量、植被、景观、心理等因素的了解和运用，一些建筑物或设施的选址在今天看来还是相当成功的。但用今天的科学技术，我们完全可以更准确更全面地考察这些因素，风水中包含的科学内容已经可以得到正确的解释和运用，为什么放着现成科学技术不用，却要用模糊不清、真假参半的风水原理呢？难道使用罗盘比今天的全球定位系统和激光测距更精确？难道凭经验在地表的观察比各种科学仪表和设备对地质结构的调查更详细？其实，就是那些声称相信风水的建筑师，又有哪个不是受过正规的建筑学训练，有过建筑设计的实践经验？而风水师们所鼓吹的恰恰是那些玄而又玄、无法验证的教条，或者是他们随意编造出来的“灵验”故事。可是他们却从来不提，古往今来有多少人

因为迷信风水，为了一块风水宝地而争夺械斗，导致倾家荡产？无数被风水先生选定的“阴宅”耗费了中国多少宝贵的土地和资源？

又如《周易》及阴阳说，也被一些人抬高到了无以复加的地位，似乎成了集科学的大成，成了中国以至世界一切科学的源泉。其实稍微懂一点中国历史就不难看出，在先秦时代人们绝对不可能掌握现代科学技术所涉及的各方面知识。一般来说，精神、理念、个人的能力未必会不断进步，不存在后人超过前人的规律，但知识、科学、技术、人类的整体能力总是不断积累和进步的。先秦的学者再伟大，也不可能超越时代的局限，达到现代的科学技术水平。现代科学家学习和运用《周易》或阴阳说所取得的成就，与《周易》或阴阳说本身的科学价值不能混为一谈。例如，尽管莱布尼茨发明二进制是从中国的阴阳说得到启发的故事已经不止一次被指出并非事实，但不少人还是津津乐道，以此来证明《周易》的伟大。姑且不论此事的真伪，就算真有其事，那么比莱布尼茨对《周易》不知熟悉多少倍、又不知有多少《周易》专家的中国为什么没有人发明二进制并进而研制出计算机呢？

有些人担心我们过于强调科学会导致“科学主义”，但是我认为，在今天的中国，对中国学者来说，主要的问题还是缺乏科学精神，科学讲得太少。就是为了确立人文精神，我们也应该确立科学精神。

选自《我的人文观》，侯样祥主编，江苏人民出版社，2001年。

为何好莱坞影片中的科学技术绝大部分是负面的

江晓原 |

中国观众很长时期以来已经习惯了在国内文艺作品中看到对科学技术及科学家"崇高形象"的塑造，这种状态可能至今仍是如此。但在当代以好莱坞为主的西方科幻影片中，情形却与之相反——几乎所有的科幻影片都在表达对科学技术的质疑，表达对科学技术飞速发展和广泛应用的忧虑。在这方面，已有将近一个世纪历史的"反乌托邦"传统，似乎一直是西方科幻影片中最有活力的思想纲领。

在当代西方科幻影片中，未来世界的科学技术早已不是中国公众习惯的那种"驯服工具"，而是一匹脱缰的野马，一列刹车已经损坏——也许根本就没有刹车机制——的疯狂列车。它经常呈现这种状态：它带来的问题远比它已经解决的问题更严重、更致命。而科学家则经常被描绘成"科学狂人"，他们要么有着疯狂的野

心，想利用科学技术控制全世界，奴役全人类；甚至在一些通常不被归入科幻范畴的影片，比如《007》系列、《蝙蝠侠》系列等，也会出现这样的科学家形象，要么卖身为有着疯狂念头的邪恶坏人服务，要么为了获取新知识不惜跨越道德底线——这种情形在中国公众熟悉的话语中通常被表述为“科学研究没有禁区”。不过在许多中国公众和科学家心目中，这句话往往被从正面理解，而试图用伦理道德来规范科学技术的努力，甚至会被某些科技工作者指责为“充当科学技术发展的绊脚石”，因为许多人想当然地认为，科学技术的发展应该是无条件、无限制的。

本文结合一些较为著名的电影作品，给出一个并非完备的初步描述。

一、反叛的人工智能

还在“前个人电脑时代”，反叛的计算机形象已经出现在经典科幻影片《2001 太空漫游》（*2001: A Space Odyssey*, 1968）中。

在人类派出的宇宙飞船“发现者号”上，有一台名为“HAL9000”的电脑——它已经是人工智能了。航行途中“HAL9000”无故反叛，它关闭了三位休眠宇航员的生命支持系统，这等于谋杀了他们，又将另两位宇航员骗出飞船，杀害了其中一位。按照阿西莫夫的“机器人三定律”，HAL9000 的行为已经明显违背了第一定律。

影片《银翼杀手》（*Blade Runner*, 1982）被奉为科幻影片中的无上经典，该片有着多重主题。其中“复制人”（Android）和机器

科幻为何不许我们一个美好的未来?

人及后来的“克隆人”都有相似之处。“复制人”的人权是它的主题之一。

Tyrell公司仿照人类中的精英研制了复制人，他们只有四年寿命，没有人权，被用于人类不愿亲自去从事的那些高危险工作，比如宇宙探险或是其他星球的殖民任务。但是复制人既然如此优秀，不可能甘心长期处于被奴役的地位，反叛终于出现了。人类政府于是宣布复制人为非法，并成立了特别的警察机构，专门剿杀复制人。受雇于该机构的杀手被称作“银翼杀手”（Blade Runner）。影片中复制人巴蒂显示的高贵人性，以及银翼杀手戴卡本人是不是复制人的谜案，似乎都暗示着复制人反叛的正义性。

而在影片《机械公敌》（*I, Robert*, 2004）中，机器人的反叛已经变成公开的暴动。由于人类采用了“让机器人来制造机器人”的技术，导致那个反叛人类的机器人“克隆”出大批它的追随者。它们最终走上街头，和人类冲突起来。影片结尾时，没有出现任何人类，却是出现了一个救世主式的机器人，统帅着广场上无数的机器人，这暗示着什么呢？是在暗示一个由机器人统治的未来世界？

二、“瓶中脑”的噩梦

影片《银翼杀手》的第二个主题稍微隐晦一点，即我们能不能够真正知道自己所处世界的真相？《银翼杀手》中关于记忆植入的情节已经涉及这个主题。在后来的《十三楼》（*The Thirteenth Floor*, 1999）、《黑客帝国》（*Matrix*, 1999—2003）等影片中，这个问题得到了更集中、更直接的表现和探讨。

这个问题，其实就是所谓的“瓶中脑”假想问题——假设一具大脑存活在一个有营养液的瓶中，大脑的神经末梢与一台计算机连接，在计算机输入的信号作用下，大脑仍然有着一切“正常”的感觉，那么这个大脑怎么能分辨自己究竟是一个“瓶中脑”还是一个正常人的大脑？

这个“瓶中脑”问题，在科幻影片中有一个逐步发展的形态。起先是向人脑中植入芯片，以便改变和控制人的思想。

在影片《复制娇妻》（*The Stepford Wives*, 1975）中，一群苦于

妻子不贤惠不温柔的丈夫们，聚居在一个小镇上，他们秘密复制贤惠温柔的妻子，然后过着幸福的生活。到了2004年版的同名翻拍片中，“复制娇妻”的手段有所交代——就是在妻子们的脑中植入芯片。最后众妻子反抗，反将众丈夫脑中植入了芯片。影片结尾时，众妻子重新做回女强人，她们的一众“上海丈夫”则乖乖在超市购物，商量着怎样讨好自己家中的河东狮子。

在人脑中植入芯片的另一种想象，见于影片《最终剪辑》(*The Final Cut*, 2004)。未来世界，可以在婴儿出生时将一个芯片植入其脑中，该芯片可以记录此人一生的活动。影片中街头到处都是关于这种芯片植入的广告，已经有5%的人在使用这种芯片。

从“芯片植入人脑”，再经过“虚拟技术”，就可以直接过渡到“瓶中脑”问题了。

影片《十三楼》(常见中译名有《异次元骇客》《十三度凶间》等)，堪称虚拟技术、虚拟世界的经典作品。影片先在虚拟的1937年的洛杉矶展开故事，这个虚拟世界是20世纪90年代开发的，而20世纪90年代的“真实”世界也是一个心理变态的科学狂人在2024年开发的。在结尾处，影片暗示了公元2024年的洛杉矶也是一个虚拟世界，它上面至少还有一层世界。那么这样一层一层虚拟上去，何处是尽头呢？我们今天生活于其中的世界，会不会也是“更上一层”的世界所设计的虚拟世界呢？

到了科幻影片的巅峰之作《黑客帝国》系列中，“瓶中脑”问题以前所未有的震撼形式表现出来。影片中的“母体”(Matrix)

比《十三楼》中的“洛杉矶1937”更上层楼，它已经是虚拟的整个世界。那么，真实世界究竟还有没有？它在哪里？也许真实世界在《黑客帝国》三部曲中就从来也没有出现过。

在《黑客帝国》中，人是什么？是由机器孵化出来的那些作为程序载体的肉身，还是那些程序本身？什么叫真实，什么叫虚拟？……所有这些问题，全都没有答案。只要我们承认Matrix存在的可能性，我们就再也无法确认我们周围世界的真实性了。

三、技术值得信赖吗？

许多美国人可以说是“技术至上主义者”。在20世纪50年代的科幻电影中，就能看到这样的观念，例如影片《地球停转之日》（*The Day the Earth Stood Still*，1951—2008年已有同名翻拍片，故事情节改变很大）。美国人的思维方式就是这样的：他们崇尚技术（在科幻电影中，往往通过钢铁、机械、电气、能量等方式来象征和表达），并且认为只要自己掌握了超过别人的技术，就有资格制定、宣布秩序和规则。他们喜欢自任世界警察，这种情结在许多好莱坞电影中都有反映。《地球停转之日》中的机器人戈特，就是美国心目中的世界（宇宙）警察，这样的警察以强大的力量来维护美国人心目中的所谓正义。

但是，对技术的质疑，如今已经是好莱坞科幻影片的主流。

著名的影片《巴西》（*Brazil*，1985，中译名有《异想天开》等）是“反乌托邦”纲领下的重要作品之一，其中对技术的质疑颇具黑色幽默风格。

影片中假想的故事，发生在一个已经高度机械化、自动化了的社会，然而，影片通过对场景和道具的精心安排，让人同时感觉到这些机械化、自动化又是极不可靠的，它们随时随地都在出毛病、出故障。所以《巴西》中出现的几乎所有场所都是破旧、肮脏、混乱不堪的，包括上流社会的活动场所也是如此。

在能够表现出对技术的不信任感的影片中，《虎胆龙威Ⅳ》（*Live Free or Die Hard*, 2007）特别值得注意。影片中的故事说，几年前美国国防部曾聘请托马斯·加百列为软件工程师，加百列（Gabriel，是《圣经》中天使长——就是向圣母玛丽亚预告耶稣降生的那个天使的名字）是电脑天才。“9·11 事件”之后，美国国家安全局秘密建立了一个安全控制中心，用来备份国家所有的财政信息，只要国家安全系统受到袭击，所有财政信息，包括银行储备、国库备用金、公司资料、政府资金——也就是全美国的财富，就会自动下载到该安全中心的一个服务器上。结果恐怖分子策划实施恐怖行动，让安全控制中心启动下载程序，而他们已经控制了那个服务器，此刻通过向国外银行转账，转眼就可以将美国国库洗劫一空！

影片强调的是：过度依赖技术是危险的。如果坚决站在技术主义立场上，辩解说这只是技术不够完善之故，那仍将很难面对另一个问题：技术无论怎样完善，最终总要靠人去操控。技术被用来行善还是作恶，最终总是取决于某些个人的道德和忠诚，而这种情况下所涉及的人数越少，风险就越大——当人数少到只有一个人时，这个人就会被引诱着来扮演上帝或魔鬼的角色。加百列就是如此。

四、技术中有恶吗？

许多人想当然地认为，技术本身是“中性”的，无恶也无善，关键在于什么人用它来干什么事。这种想法实际上非常简单幼稚，经不起稍微深入一点的追问。一些初看起来完全美好的技术，也可能导致“恶”的后果。一些科幻影片中对这一问题有所思考。

名声很大的科幻影片《少数派报告》（*Minority Report*，2002），是一个未来世界的“诛心”故事。想象在公元2054年的华盛顿特区，“谋杀”这种事情已经有整整9年没有发生过了，因为犯罪已经可以预知，而罪犯们在实施犯罪之前就会受到制裁。司法部有专职的“预防犯罪小组”，负责侦破所有犯罪的动机，从间接的意象到时间、地点和其他的细节。这些动机由“预测者”（他们能够预知未来的各种细节）负责解析，然后构成定罪的证据。在这样的制度下，公众已经没有任何隐私可言，因为一切言行都在监控之中。

影片让“预防犯罪小组”最忠诚的精英安德顿也被侦测出有犯罪企图，来揭示这种侦测技术的邪恶。安德顿自己当然知道自己是无辜的，但是“犯罪预知系统”不是从来就可靠无误的吗？如果他真的无辜，那又怎能保证以往由这个系统对别人作出的定罪全都正确呢？于是安德顿只得在对所有公民都严密监控、毫无个人隐私可言的城市中逃亡，并设法洗脱自己的罪名。影片借此提出了几个严重问题：

这种无视公众隐私权的所谓“犯罪动机预测”技术能不能信赖？根据动机给人定罪是不是合理？能不能以“预防犯罪”为理由侵犯公众隐私？如果允许以“预防犯罪”为理由侵犯公众隐私，则是公众的权利尚未被犯罪侵犯于彼，却已先被“预防犯罪”侵犯于此了，这显然是不可接受的。

即使是看起来完全没有“恶”的技术，也未必适宜在任何时候问世。例如影片《链式反应》（*Chain Reaction*，1996）中的故事说，芝加哥大学的一群科学家，搞出了一种全新的能源技术，能够从水里提取出无穷无尽廉价而又环保的燃料——简单来说就是美国版的“水变油”。不料正当这些科学家沉浸在“一朝成名天下知”的喜悦之中，打算向外发布新闻时，一群蒙面杀手从天而降，杀死了这些科学家，炸毁了整个实验室。

杀手是一位和中央情报局暗中有着千丝万缕关系的神秘人物香农博士派出的，他这样做的理由是：现今社会的能源支柱是石油，如果“水变油”的技术一公布，所有的石油产业一夜之间就会倒闭，美国股市就会崩盘，金融体系就会瘫痪，整个社会就会陷于骚乱！所以现在搞出这个技术，它究竟是造福我们社会，还是祸害我们社会？

在好莱坞电影中，CIA、FBI 之类的机构，通常都是唯科学主义的代表，然而在《链式反应》中，CIA 暗中派出的香农博士，却是一个赤裸裸的，甚至可以说是很极端的“反科学主义者”，他为了阻止不适当的新技术过早问世，竟不惜杀人放火。

还有一些想象中的技术，我们在未经思考时会认为它们当然是好的，而实际上很可能非常有害。比如“预测未来”技术，就是如此。许多当代的科幻作品思考过“预测未来”这一技术之恶。

好莱坞影片《记忆裂痕》(*Paycheck*, 2003, 中文或译成《致命报酬》)的故事中，电脑工程师詹宁斯在为万莱康公司工作时，看到了极为暗淡的未来，包括核灾难。为此他在那台能预见未来的机器芯片中安放了病毒，使得机器在他离开后无法正常运转。詹宁斯认为：“预测就像创造了一个人人都逃不掉的瘟疫，不论预测什么事，我们就会让它发生。”他断言：“如果让人们预见未来，那么人们就没有未来；去除了未知性就等于拿走了希望。”因而他认为万莱康公司制造预见未来的机器实属邪恶之举。

相信技术可以解决一切问题，这种信念从表面上看是“中性”的，因为技术本身似乎就是中性的——好人可以用技术来行善，坏人可以用技术来作恶。其实不然，有些技术本身就像魔鬼，它们一旦被从瓶里放出来，人类对它们有了依赖性，明知它们带来的弊端极为深重，却已经“请神容易送神难”。农药、手机、互联网，哪个不是如此？我们今天对这些东西哪个不是爱恨交加？

五、科学家是圣人吗?

好莱坞科幻影片似乎从来不以塑造科学家“崇高形象”为己任。除了塑造“科学狂人”这种脸谱化的坏人之外,科幻影片中对科学家还有种种不敬之处。

影片《IQ 情缘》(*I.Q.*, 或译《爱神有约》, 1994)是一部从多个角度对科学家进行揶揄调侃的作品。

20 世纪 50 年代,爱因斯坦、数学家哥德尔、物理学家波多斯基,以及一位可能是编导杜撰出来的科学家李卜克内西,四位世界级的科学大佬,在美国普林斯顿高等研究院过着游手好闲、悠闲自在的生活,享受着世人的供养和尊崇。爱因斯坦有一位侄女凯瑟琳和他生活在一起,凯瑟琳的未婚夫是一位走在科学界阳关大道上的“有为青年”莫兰德博士。但四位大佬都不喜欢他,经常取笑他的研究,说他“只在老鼠的生殖器上做功夫”,还去他的实验室捣乱。后来他们联手暗中帮助一位年轻的汽车修理工艾德追求凯瑟琳,为此不惜替艾德捉刀代笔,甚至帮他舞弊造假。

这样的影片很容易被我们认为是丑化科学家,是鼓吹造假,鼓励作弊。但是这样来看这部影片就未免焚琴煮鹤了。四位大佬为何要全力帮助艾德追求凯瑟琳?是因为他们一致认定这两人之间“有真正的爱情”。这种认定当然不可能从科学上得到证明,它属于价值判断,但因此也就无可非议了。至于四大佬帮助艾德“造假”,也不无辩解的余地。知识产权也是可以赠予的,四大佬自愿为艾德捉刀，就是将这篇论文的知识产权赠予艾德。在西方，试图消解科学过度权威的反科学主义思潮早已在学术界和大众媒体上盛行多年，在这样的背景下看这部影片，四大佬的种种胡闹也就不足为奇了。

著名科幻剧集《星际战舰卡拉狄加》（*Battlestar Galactica*, 2003），是讲述人类和外星文明塞隆殊死斗争的史诗作品，其中有一个贯穿全剧的科学家形象博塔博士。他虽被总统任命为科学顾问，却被塑造成一个轻浮小丑。那个金发塞隆美女时时刻刻纠缠着他，用无限的情欲诱惑着他。后来塞隆帮助博塔博士竞选总统获胜，博塔沉溺酒色，朝政荒废。当塞隆再次大举进攻时，人类舰队溃不成军，博塔居然代表人类政府向塞隆投降。

另一部曾经被引进中国大陆公映的好莱坞影片《摩羯星一号》（*Capricorn One*, 1978）中，科学家扮演了更加不光彩的角色。影片的故事说，美国国家航空航天局（NASA）因为航天项目耗费了巨额国币却一直没有什么成果，越来越难以向国会和公众交代，于是首席科学家决定弄出一个大大的成果来让世人震惊。他设计了载人飞船登陆火星的行动，而这次行动其实是一个惊天骗局。他要求三位宇航员在未来的8个月里，在一个沙漠里的秘密基地中，向全世界扮演"摩羯星一号"登陆火星的"实况转播"！他对宇航员们说："如果你们揭露真相，美国人民将'没有任何东西可以相信了'——因此即使为世道人心着想，你们也应该跟我合作。"在首席科学家的威逼利诱之下，三名宇航员不得不和首席科学家合谋。他们共同将一个弥天大谎持续了8个多月。在此过程中，全美国、全世界都不断从电视上看到三位宇航员飞往火星、在火星成功登陆、又顺利开始返航的“实况转播”……

又如2017年的剧集《炸弹追凶》（*Manhunt Unabomber*）是依据真实故事改编的，已经不是幻想作品了，其中的主人公泰德·卡辛斯基是一个科学天才，他为了传播他的思想性论著《工业社会及其未来》，不惜多年策划实施连环邮件炸弹。虽然他的思想确有可取之处，但以恐怖主义手法来帮助传播，毕竟有违正义。

值得注意的是卡辛斯基在《工业社会及其未来》中对科学技术和科学家的反思，例如他认为：“一些科学家声称，他们的动机是‘好奇’，这种说法是荒唐的。……科学家的动机既不是好奇心也不是有利于人类的愿望，而是体验权力过程的需求。”他由此断言：“科学的进军是盲目的，无视人类的真正福祉或其他任何标准，只服从科学家以及提供研究经费的政府官员和公司主管的心理需求。”卡辛斯基的这些观点，和在西方已经相当流行的反科学主义思潮显然是相通的。

上面这些影片的例子，并非作者刻意选择的结果。事实上，要想在当代好莱坞科幻片中找到相反的例子非常困难。作者曾多次在科幻主题的演讲提问阶段鼓励听众提出反例，但从未有人成功提出过。作者勉强能找到的一个，也许是《火星救援》（*The Martian*，2015），但那实际上几乎可以说是一部NASA的宣传片。

科幻影片中的故事，虽然还不是真实的事情（有些正在越来越接近真实出现，比如人工智能），好莱坞的编剧和导演们，一般来说也不是科学技术和科学家的敌人。但是，通常极力鼓励在创作上与众不同的西方，为什么会有那么多作品不约而同地塑造着科学技术和科学家的负面形象？而且，西方科学家们面对这些“诋毁科学”的好莱坞影片，似乎也没有提出过什么严重的抗议——如果在中国，这样的抗议几乎肯定会出现。这些现象显然都非常值得我们深入思考，本文仅限于将问题提出，提供答案则还需待诸异日。

原载《科学与社会》2018 年第 8 卷第 2 期。

科学家与电影人之同床异梦

江晓原

好莱坞编导给科学家上课

霍金的《时间简史》据说全世界每750人就有一册，他可以算当今世上最著名的科学明星了。而且他与媒体配合默契，隔一段时间就能让媒体兴奋一阵。这样的科学明星，在科学史上极为罕见，如果一定要找一个堪与霍金比肩的，我想只有卡尔·萨根（Carl Sagan，1934—1996）差能近之。不过萨根不及霍金长寿——要是他能活到今天，那他的科学明星之路，怕是“星途不可限量”呢。

前些时候，我的已经毕业的博士研究生穆蕴秋小姐来我书房聊天，谈起她最近在研究中顺便注意到的一则刊登在《自然》杂志（*Nature*）上的科学八卦，让我又想起了萨根。那则科学八卦是这样的：

2004年7月中旬，好莱坞几位知名电影人——包括《X档案》的制片

F. Spotnitz、《星际迷航》剧集的导演 A. Singer、《狮子王》的编剧之一 C. Vogler 等人——与来自美国各地不同研究领域的 15 位科学家，举行了一场有关电影剧本的周末讨论会。这些科学家是被两个月前发出的讨论会通告召唤来的，共有 50 多位对剧本创作有兴趣的科学家报了名，最终有 15 位科学家被选中。他们每人还按要求提交了一份剧本的构思。然后那几位好莱坞电影人在讨论会上向这些科学家传授，怎样写出一个好剧本，怎样将自己的剧本卖给电影投资公司。当然，这不是单向的耳提面命，科学家们也得到了适度的尊重，他们“也就怎样提升电影中的科学和科学家的形象给出了一些建议”。

如果萨根在世，他会报名吗？如果他报了名，会得到邀请吗？遥想萨根当年，将一部小说的写作计划分送九家出版社让它们竞标，最后西蒙—舒斯特出版社以 200 万美元预付稿费的出价中标，也许他根本不屑去报名参加上面这种讨论会；而他如果报了名，我想一定会得到邀请。

最高的艺术形式是电影

萨根之所以成为炙手可热的科学明星，主要有两大原因。

一是他积极参与科学上最引人注目的项目，比如“水手 9 号”、“先驱者”系列、“旅行者”系列等著名宇宙飞船探索计划，他还参与设计了那张著名的“地球人名片”——镀金的铝质金属牌，上面用图形表示了地球在银河系中的方位、太阳和它的九大

《接触》：一个对于外星文明的善意想象

行星、地球上第一号元素氢的分子结构，以及地球上男人和女人的形象。美国发射的先驱者 10 号（1972 年）和先驱者 11 号（1973 年）探测器上都携带了这张“名片”。这张“名片”还曾出现在中国的中小学教科书中。

《宇宙》播出后不久，萨根就成了《时代》周刊的封面人物，《时代》把萨根称作“科学的演员”。

二是萨根和媒体之间的“恋爱”十分甜蜜。先是他自编、自导、自演的电视系列片《宇宙》（*Cosmos*）在全球 60 多个国家热播，他一跃而成大众心目中的科学明星。他马上再接再厉，构思了以 SETI 行动（用无线电探索地外文明信息）为主题的科幻小说《接触》（*Contact*），并将写作计划分送九家出版社，对于一部尚未写出来的小说，西蒙—舒斯特出版社 200 万美元预付稿费的出价，在当时实属惊人之举。消息传来，在萨根的天文学家同行当中引起了“强烈的情绪”——那是何等的令人嫉妒啊。

萨根此时已从科学涉足媒体娱乐而获享大名，但在他心目中，最高的艺术形式莫过于电影——据说这与他父亲当过电影

卡尔与海盗号着陆器模型

院检票员有关（想必萨根小时候沾光看了不少电影），所以小说在签约时就预定要在1984年拍成电影，萨根对筹拍也十分投入。但在好莱坞制片人眼中，《接触》的身价却与小说不可同日而语，剧本从一个制片人手上转到另一个制片人手上，转眼十几年过去。著名导演库布里克也曾对《接触》发生过兴趣，但最终他和萨根话不投机，无法合作。直到1997年夏天，电影《接触》（常见中译名为《超时空接触》）才终于举行了首映式。影片由萨根编剧，泽米吉斯（R. Zemeckis）导演，朱迪·福斯特（Jodie Foster）主演。

影片中的女主角艾博士，其实就是萨根的化身——从小热爱

天文学，长大后全身心投入天文学研究，研究的项目正是SETI行动（在20世纪六七十年代非常时髦）。和现实中的情形不同，影片中的SETI行动取得了重大成果——艾博士的研究小组真的接收到了外星发来的无线电信号！而且，对这些信号解读的结果表明，这是完整的技术文件，指示地球人建造一艘光速飞船（实际上就是时空旅行机器）。于是美国政府花费了300亿美元将飞船造成，艾博士争取到了乘坐飞船前往织女星的任务，她童年的梦想眼看就要成真……

影片《接触》上映之后，颇得好评，上座率是科幻大片《独立日》的五分之一，应该也算很不错的成绩。不幸的是萨根已经在半年前撒手人寰，他未能看到自己编剧的电影上映，恐怕难免抱恨终天。

挂掉好莱坞打来的电话

穆小姐在我书房里谈本文开头提到的科学八卦时，恰好看见我桌上放着两册萨根的传记，奇巧的是，这竟又构成了上述八卦的下文：

正是这部萨根传记的作者戴维森（K. Davidson），看到《自然》杂志上报导好莱坞电影人与科学家讨论会的文章（*Science in the movies: Hollywood or bust*），就给杂志写信说，他认为科学和好莱坞的结合是没有好结果的。他举了自己亲身经历的事例：他写过一本关于龙卷风和暴风雪的科普著作，当他被告知华纳兄弟公司将此书作为影片《龙卷风》(*Twister*, 1996)的“指定参考书”时，作为一位电影爱好者他很高兴，但等他看到电影时，却发现影片中充斥着胡编乱造的气象学知识和术语，而电影的制作者则声称他们“咨询过”著名的气象学家。

作为萨根的传记作者，戴维森也没有忘记在信中举影片《接触》的例子，影片删去了萨根小说中一个重要情节：艾博士后来发现，在圆周率 π 中隐藏着宇宙的秘密，当 π 值到小数点后某位数时，信息代码就出现了。萨根希望在电影中保留这一情节，但最后还是被电影人割爱了。有人认为“删除这一情节，是制片人犯下的最大错误”，因为这使得影片“失去了智力上的深度”。

戴维森最后的结论是：“如果是好莱坞给你的实验室打电话，挂掉它。”

让我们再回到本文开头电影人和科学家的讨论会上。在讨论会上电影人告诉科学家，为了追求电影的视听效果，科学的准确性是可以而且必须牺牲的，例如，火山喷发的声音实际上像玻璃冻裂的破碎声，但是为了显出效果，电影会将它弄成像重型卡车疾驰而过发出的呼啸声，“任何一个看了电影的火山学家可能都会认为它是一出闹剧”，但这在电影人看来是完全正常的。

这里问题的关键是：电影人和科学家的诉求和底线都是很不相同的。电影人的诉求是影片票房大卖或获奥斯卡奖，而科学家(和电影人搞到一起时)的诉求通常是传播科学。科学家的底线是不能损害他在同行中的声誉，而电影人不存在这样一条底线。

更深层的问题是：当科学家以外的人（比如电影人）谈论科学时，他们必须准确吗？在科学主义的话语体系中，由于科学永远是神圣的，所以它当然在任何情况下都必须准确。但是如果将科学看成娱乐资源——好莱坞一向是这么干的，科学知识的准确就不是电影人的义务了。如果科学家对这一点想不通，那么确实还是挂掉好莱坞打来的电话为好，更不要妄想“提升电影中的科学和科学家的形象”了。

原载《新发现》2010年第10期。

科学技术臣服在好莱坞脚下

江晓原 |

科学家也想给电影人上课

“好莱坞编导给科学家上课”的故事，发生于2004年。其实，科学家也很想给好莱坞电影人上上课。

2008年，美国成立了一个“美国国家科学院科学与娱乐交流协会”，协会的宗旨是“建立科学家和工程师与电影及电视节目制作人士之间的纽带，提供娱乐所依赖的可信和逼真品质”。会长Jennifer Ouellette认为，“目前美国有着一股非常强烈的反科学风气，一些人就是不喜欢科学”。协会宣称，交流的目的是通过正确反映科学和正面刻画科学家的形象，让公众更热爱科学，并吸引更多的人投身科学生涯。这样的宗旨和目的，倒是与我们这里传统“科普”的宗旨和目的如出一辙——在传统“科普”日益没落的挽歌声中，中国和西方的科学家不难找到他们的共同语言。

科学家给电影人上课，当然有正面表扬和反面批评两个途径——如同他们在课堂上给学生上课一样。

正面途径是表扬某些电影。例如在被《自然》杂志评论的影片中，《接触》(*Contact*, 1997)和《海底总动员》(*Finding Nemo*, 2003)，被认为是既有较好票房又能准确反映科学内容的代表作品。前者的“科学术语的运用是准确的，虽然这是以丧失某些艺术上的美感来换取的”，而后者的“科学准确性给许多海洋生物学家留下了深刻印象”。

不过好莱坞被科学界认可的电影其实少之又少。《接触》是根据卡尔·萨根的小说改编的，而萨根可是科学共同体的正式成员，所以这部影片的“科学血统”是罕见的。而《海底总动员》的导演虽然也极力想保持科学的准确性，例如当生物学家迈克·格雷汉姆则说他无法忍受画面中出现的一种生长在冷水中的大型褐藻被画在了珊瑚礁中间时，导演就把每个画面中的这种藻类都移除了——据说做这样的改动花费不菲；但是为了推动剧情发展，他终于还是未能做到在科学上百分之百的真实。

反面途径当然是批评某些科幻电影——那就信手拈来比比皆是了。例如1998年《自然》杂志上对当年上映的两部科幻电影《天地大冲撞》(*Deep Impact*)和《绝世天劫》(*Armageddon*)都有批评：说前者的故事中，如果原始的彗星是向地球撞击而来，那么爆破后应该是它的质心而不是两块碎片中的任意一块撞向地球。

后者则被指出多处草率的疏漏：比如，如果电影中所说将要冲撞地球的小行星大小和得克萨斯州差不多大，那在到达地球前18天，它的亮度应该已经达到猎户座恒星的亮度，不可能直到临近才被发现；而要劈开一颗这样大小的小行星需要的能量，相当于地球上现有核武库的百万倍。

事实上，要在科幻电影中挑出类似的错误，实在是太容易了。确实也有这样的科学家，专门写了书来挑电影中的科学错误，而且津津乐道，仿佛电影人及观众的“愚蠢”可以“衬托出他自己英俊的科学面庞”。但是在我看来，这种批评很有些类似焚琴煮鹤。因为这牵涉到另一个问题。

电影中的科学知识必须准确吗？

2010年《自然》杂志上的一篇文章在谈到电影中的科学时相当愤慨：“所有的科学技术都臣服在好莱坞脚下”——因为“电影通常都是在歪曲科学本身。龙卷风、火山、太空飞船、病毒等，服从的都是好莱坞的规则，而不是牛顿和达尔文的规则。”文章还认为“电影中描绘的研究者和现实实验室中的研究者很少有共同之处。银幕上的一些科学家是被英雄打败的恶棍，另一些则因其与众不同的鲁莽而具有威胁性，还有一些则是独自一人在深山老林中寻找治癌方法的异类。”文章所归纳的好莱坞影片中的科学家形象，倒是相当符合好莱坞科幻电影中的一般情形。

但问题是，电影人和科学家，如果他们试图合作的话，是注定

要同床异梦的。因为科学家总是一厢情愿地希望通过电影来宣传科学，而电影人却总是将科学当作可利用的资源，就像文学、历史、哲学、艺术、政治、军事……那样，都是被他们利用的资源。电影人追求的是电影的票房大卖或得奥斯卡奖——他们不会去指望得诺贝尔奖。所以紧接着的一个问题就是：电影中的科学知识必须准确吗？

许多科学家会认为：当然必须准确。许多一般公众也会同意这个意见。但我们是不是应该想一想，为什么在电影利用文学、历史、哲学、艺术、政治、军事……作为资源时，我们对其"准确"的要求就不那么高呢？比如我们能够容忍对历史的"戏说"（尽管有些执着的历史学家也不能容忍），为什么就不能容忍对科学的"戏说"呢？换句话说，我们实际上已经暗中假定了，科学在这个问题上和别的知识不一样。这种假定，其实正是唯科学主义的重要表现之一。因为唯科学主义认为，科学是神圣的，科学是凌驾于一切别的知识体系之上的；所以在人们谈论科学时，在电影利用科学时，对科学的反映都必须准确，就好像对宗教教义的陈述必须准确一样。

经常被用来为"戏说"历史辩护的一条理由是：观众知道影视作品不是历史教科书，他们如果要想获得准确的历史知识，自然会去教科书或工具书中寻找。这条理由完全可以原封不动地移过来为"戏说"科学辩护：观众知道影视作品不是科学教科书，他们如果要想获得准确的科学知识，自然会去教科书或工具书中寻找。

既然如此，电影中的科学知识又为何必须准确呢？准确当然很好，但不准确亦无不可。

“这只是一部电影”

当年萨根为电影《接触》中采用什么手段进行时空旅行，专门请教了物理学家索恩，索恩建议他以虫洞作为时空旅行手段。萨根还曾请来科学界的一些知名人士对影片内容进行推敲，还为他们开设了一套专门的参考书目，其中包括索恩的《黑洞与时间弯曲》和加来道雄的《超越时空》。

然而这只是特殊情形，绝大部分由电影人制作的电影，哪怕是科幻电影，也不会对科学如此“恭顺”。2009 年《自然》杂志上一篇关于当年圣丹斯电影节的报导说：一位天体物理学家表达了他的失望，认为圣丹斯电影节上出现的 118 部电影中，没有任何一部描述了正常工作的普通科学家。不过影片《少数派报告》和《钢铁侠》的科学顾问对此表示了宽容：“最好的电影传达的是思想，形式并不是那么重要。”

2010 年 D. Sarewitz 在《自然》杂志上的文章指出：为什么伟大的科幻电影——从《弗兰肯斯坦》《2001 太空奥德赛》到《黑客帝国》——的故事情节都是充满警示色彩和矛盾张力，而不是简洁和现实主义戏剧风格的？因为它们都设置了虚构的困局和放大了的人物形象，而这样的困局和人物形象恰恰是“科学与娱乐交流协会”想要净化掉的东西。因为协会要求大众娱乐传媒向人们展示更加真实的科学家形象，呈现更加准确的科学背景。我想按这种标准弄出来的电影，多半会落得乏人问津的下场。

当年影片《侏罗纪公园》（*Jurassic Park*，1993）上映后，《自然应用生物学》（*Nature Biotechnology*）上的文章批评它缺乏科学准确性，影片故事的作者迈克尔·克莱顿——曾经的科学共同体成员，后来成为职业小说家和电影人——在给杂志的一封来信中轻巧地回应说："正如希区柯克曾经说过的——这只是一部电影。"

原载《新发现》2011年第1期。

科幻的境界与原创力：文明实验

田　松

一、三个维度：故事、预设与思想

我常常从三个维度衡量科幻作品（小说和电影）：（1）故事（包括情节人物等）；（2）（科学的）场景及道具预设；（3）思想境界。

20世纪80年代曾有科幻是文学还是科学（科普）之争，我是坚定的文学派。既然是文学，首先得有一个完整的故事，故事里有情节有角色，这些都是题中应有之义，无须多谈。当然科幻有其特殊性。

刘慈欣认为，科幻中的角色也可以是物，比如时间机器；也可以是故事所展开的场景，比如虫洞；对于科幻作品的成败，这些“角色”往往起着比人物更为重要的作用。按照这个观点，《三体》中的水滴、二向箔、多宇宙，都是重要的角色。这个说法与卡龙和拉图尔的行动者网络理论（Actor-Network Theory，ANT）理论正相

吻合，在 ANT 理论中，行动者可以是人，也可以是物。而所谓行动者（actor），恰好也是角色的意思。

不过，在我提出的三个维度中，这些部分被单列出来，归入第二条“（科学的）场景预设”中。主要是因为，其他门类的小说也存在非人角色，而对于科幻作品来说，如果没有特殊的与科学相关的场景设定，就不能叫作科幻了。所以需要重点强调，也便于讨论。一个好的故事，可以移植到诸多场景上去，但并不是把罗密欧与朱丽叶放到外星上去，就能叫作科幻，否则莎士比亚也算作科幻作家了。反过来，科幻作家首先要拼的是，能否创造出一个特别的（物理）世界作为故事展开的场景！

金庸不仅要讲一个一个江湖故事，创造东邪西毒南帝北丐中神通的人物形象，还要发明降龙十八掌、凌波微步、吸星大法、葵花宝典。科幻作家也是一样，威尔斯要发明时间机器，凡尔纳要发明鹦鹉螺号，克莱顿要发明侏罗纪公园。相比之下，他们创造的那些人物，的确不那么重要了。比如，问起《1984》主角的名字，很多人可能一时想不起，但是乔治·奥威尔发明的“铁幕”，已经成为大众语言的一部分，没有看过《1984》的人也会知道。

一个具有原创性的场景，是人们对科幻的预期，也是作者努力的方向。

然而，仅仅有好的故事和具有原创性的场景还是不够的。它们可以造就非常好的票房，但不是科幻的第一流境界。所以第三个维度是思想，或者哲学。

江晓原教授也认为，思想性是科幻的“灵魂”，影片好坏可凭此一锤定音。这是他评判科幻的第一标准，至于他的第二标准：视效（景观），在我看来仅可做锦上添花之用。两者非常之不对称。

二、讲故事与讲道理

有两种文学：一种是讲故事，一种是讲道理。在这里，“道理”一词需要做广义理解，泛指理性、观念、思想等。

讲故事的作品，焦点在故事本身，作者并不特别在意这个故事阐明了什么道理，而一个好的故事，能够从中看出一万个道理。

讲道理的作品，焦点在道理。故事的设定与展开，都是为作者要讲的道理服务的。

两种作品并无高下之分。以往的纯文学理论更看重前者，认为后者理念先行，容易使人物脸谱化。然而，京剧这种艺术形式原本就是自带脸谱的。

把照相机镜头对准窗外夕阳下的灌木丛，随机拍一张，其中隐含着无限的细节，每一次观察，每一次放大，都可能有新的内容。讲故事的作品，作者的雄心在于呈现一个完整的社会形态，诸如巴尔扎克、雨果等，致力于完成一个历史的切片。作者仿佛具有上帝之眼，以全能视角陈述他所营造的世界，并且相信这就是世界本身。对于读者来说，这是一个足够丰富的世界，每一次重读，也都能发现新的细节。这样的故事，其中有丰富的道理供

后人解读，甚至，一千个人能看到一千个哈姆雷特，同样的故事，能够解读出相反的道理来。

但，即使如此，只要是人写的故事，就会有作者的意图在，有作者的缺省配置在其中起作用，同样，也有作者看不到的地方。

这也与历史相似，人们曾经相信存在着本来面目的历史，历史学家也曾自信能够给出这样的历史。不过，按照江晓原教授在《天学真原》序言中的说法，如果哪位历史学家今天还有这样的想法，是不及格的。不仅“一切历史都是现代史”（克罗齐），“一切历史都是思想史”（科林伍德），而且，一切历史都是辉格史。

按照邵牧君先生的分类，电影史上曾有写实主义与技术主义两大传统，前者倾向于讲故事，后者倾向于讲道理。写实主义重视长镜头，试图呈现具有全部细节的完整的历史片段，安德烈·巴赞甚至认为，电影源自于一种木乃伊情结——全面地、立体地记录现实，所以电影从无声到有声，从黑白到彩色。当然，这也能解释此后的从二维到三维。

然而，鲁道夫·爱因海姆则认为，电影之所以成为艺术，恰恰在于它不同于现实。正是用无声来表现有声的世界，用黑白来表现彩色的世界，才使电影有可能成为艺术。如果与现实没有区别，那就是现实，不是艺术了。事实上，任何技术手段都不可能完整地记录全息的现实，所以木乃伊情结永远不可能得到完美的表现，人也不可能拥有上帝视角，而且，按照爱因海姆的说法，恰恰因为人只能拥有人的视角，才使得艺术成为艺术。

从这个角度看，讲故事与讲道理并不能截然分开，故事中总是有讲述人的道理，而讲道理，也总是要通过一个故事来讲。

但是，我们仍然不妨把讲故事与讲道理作为两个维度，两个努力的方向。正如长镜头与蒙太奇一样，长镜头不可能无穷长，而蒙太奇也不可能无穷短。

另外一个例子是埃舍尔，这位荷兰版画家，他用绘画来表现理性，表现他对画面之表现可能性的理论探险。比如，如何在有限的画布上表现出无穷，如何在二维的平面上表现出不存在的三维。这是更加极端的讲道理。

就科幻而言，由于这种文学形式对于场景预设的特别要求，天然地适合于讲道理。

在电影史上，技术主义最早的代表人物梅里爱，正是第一部科幻电影《月球旅行记》的作者。这同样可以印证，科幻的这种类型，恰好适合讲道理，讲一个特殊的道理。

三、思想实验

思想实验是一个物理学概念，借用一下。

所谓思想实验，就是在脑袋里构想的实验，不一定要真的去做。比如爱因斯坦想象：如果以光速追着光——电磁波，能看到什么？他就想，如果以光速追着电磁波，看到的应该是一个波峰与波谷都凝固不动的波，而如果波峰与波谷都不动，那根本就不是波；如果不是波，波峰和波谷就都不存在。也就是说，如果你以

光速追着光，光就消失了！但是，光是能量啊，不可能因为我一追，它就消失了呀。爱因斯坦想啊想啊，最后提供了一种可能性，那就是，光速是这个世界的最高速，任何有质量的东西都不能达到光速，所以，人根本就追不上光，光也就不会凭空消失。这就是狭义相对论的前提之一。这个实验，就叫思想实验，任何实验室也做不出来，只能在脑袋里想。

很多小说就是针对现实社会的思想实验。比如，存在主义文学要拷问人性，就把人放到囚室里（萨特），让几个人每周七天每天二十四小时地相处在一起，形影不离，想象人在这种极端状态之下会有哪些行为。马克·吐温写《百万英镑》，就是想象，如果一个穷光蛋一夜暴富，会发生哪些事儿。《鲁滨孙漂流记》想象一个人深处荒岛，会如何生存。在《八十天环游地球》中，凡尔纳根据当时人类社会已经拥有的技术，认为有可能在八十天环游地球一圈，就讲了一个这样的故事。

说到凡尔纳，我们已经开始讨论科幻了。《八十天环游地球》固然是讲了一个故事，但是其焦点在于讲道理，故事中的人物身份、社会关系，都是为了他要的道理——八十天可以环游地球——来设定的，路线、沿途的遭遇，都只是衍生的配料。凡尔纳以科幻小说的形式，完成了他的思想实验。

科幻作为思想实验是全方位的，作者要提出实验原理（即思想实验的思想，作品要讲的道理），构想实验室及建构实验设备（相当于场景设定），设计实验方案，还要进行实验、记录实验过程，最后完成实验报告。按照江晓原教授的说法，思想是灵魂，决定成败；而实验室及其中的装置，是为展现思想服务的。没有恰当的实验室，思想的深刻体现不出来，道理也讲不明白；没有深刻的思想，实验室再花哨，设备再复杂，也不会做出多么有价值的实验。

一部出色的科幻小说，一定在背景设定和思想上有过人之处。场景设定具有原创性，同时思想丰富、道理深刻。比如，在《侏罗纪公园》中，整个故事建构在分子生物学和混沌理论之上，先是用机械论、还原论、决定论的分子生物学建构出了侏罗纪公园，又用非决定论、整体论的混沌理论毁掉了侏罗纪公园。相比之下，著名的《星球大战》，徒具光鲜的外表，在宏大的星际背景上，讲述的是一个中世纪的故事，既没有对人性的深刻思考，也没有对人类文明的深入思考。所以虽然是科幻经典，并不能算是特别优秀的作品。

科幻作为一种特殊的文学体裁和电影类型，天然地就把科学作为关键词，这个科学不是脱离了语境的抽象的科学，而是应用在人类社会与自然环境之中的科学。所以科幻的思想实验，便可以用来考察科学、技术、自然与人类社会交互作用的诸多可能性。比如，某些特别的技术（如隐身衣）被发明并应用之后，人与人类社会会发生什么样的变化？再如，在一个特殊的物理空间和状态下（如在一个引力只有地球一半的星球上），会有什么样的人类和人类社会存在？

这一类思想实验，是其他文学门类所不具备的，是科幻之原创性之所在。

四、原创力与想象力

科幻常常被人认为与想象力有关，一个优秀的科幻作品常被人赞叹具有非凡的想象力，反过来，也给人这样的误解：要创作好的科幻，必须有特殊的想象力。以至于会有这样的提法：培养想象力。甚至有人敢于办班招生，真的把想象力当作一种可以培养的能力了。

原创是又一个近些年被提倡的概念，不仅在商业领域，也在学术领域。的确如此，在商业领域，我们是山寨大国；在学术领域，我们同样重视跟风——好听一点儿的说法叫作跟踪世界学术主流，很多学生乃至教授都乐于询问，当下的学术潮流往哪儿转向，人家往哪儿转，咱们就往哪儿跟。

对于科幻而言，原创被认为与想象力有关。于是培养想象力与提倡原创就变成同样的东西了。然而，“提倡原创”也好，“培养想象力”也好，都是一种多少有些悖谬的说法，如同提着自己的头发离开地面。

所谓原创，全称“原始创新”，原始的创新！一个具有原创性的东西，一定与以往有着重大的区别。但是，无论怎样与以往不同，也总是要与过去有所关联，把过去作为起跳的基础。按照这个比喻，当然可以说，跳得越高，就越是具有原始创新，越有想象力。于是，提倡原创就相当于提倡跳得高，这不是废话嘛。跳得高，本来就在跳高这个活动的预设之内，不需要再强调。至于培养想象力，就相当于训练怎样跳得高，似乎不错，但是，难道他们以前的训练不是为了让队员跳得高，所以需要额外再加上一项往高里跳的训练吗？

很多人把想象当作一个可以主动从事的活动，“你要发动你的想象力！”仿佛想象力是一把斧子，拿起来就可以去砍树。被要求发动想象力的人，不知道怎么去发动，也找不到想象力在哪儿。就好比被要求努力往高处跳的人，虽然一次一次地跳，但是每次的高度也都差不多。因为腿部肌肉的力量就那么大，怎么刺激也没多大用。原创也是这样，不是想创就能创的。

原创也好，想象力也好，人们看到的只是外在的表现。比如，一个人武功高深，一跺一个深脚印，一跑一溜烟，绝尘而去，深脚印和一溜烟都是武功高深的外在表现。反过来，一个武功不那么高的人，想表现出武功高的样子，使劲跺脚，跑起来用力趟着地，搅起一人高的尘土，也只是把自己呛个灰头土脸而已。因为那位高手，同样也可以不露身影，不留行踪。就像很多学校的教学比赛，有制作 PPT 一项，鼓励想象力的结果是，把 PPT 弄得极为花哨，各种特效，各种模板，而已。

长期以来，我们把教育当成体育，学术当成竞技，文学作品也被塞进了赛车道。电影作为产业，同时进入了多世界的跑道。

以学术而论，跟踪国际前沿的，注定不是（第一）原创，只是在回答、解决别人提出的问题。但是，提出问题，比解决问题更加重要。所以是否原创，在于是否有自己的问题，是否有对于自己的生命体验以及所生活的世界的反思。

作为思想实验的科幻，亦然。延续上一节的讨论，则科幻作者对于科学、技术与社会、人和自然的关系，是否有自己深入的、独特的理解，决定了科幻的思想境界，也决定了科幻的成败。

文学创作像跳高，更像潜水；不仅要向前跑，还要往回看。“创新不是向外绞尽脑汁努出来的，而是向内反省春雨润物般生长出来的。”

跳高、向前跑，意味着追踪科学前沿、技术前沿，琢磨这些科学能产生哪些酷炫的技术，以及哪些酷炫的技术能够用到作品里；潜水、往回看，意味着反思自身、反思从前认定的科学、技术与社会、人和自然的缺省配置的关系，基于这种反思，提出属于自己的思想实验。比如侏罗纪公园，不是开动想象力想象出来的，而是迈克尔·克莱顿深入思考的结果。

这种反思，属于科学 / 技术的文化研究和社会研究的范畴，即科学 / 技术哲学、科学 / 技术史、科学 / 技术社会学等领域。

五、剑宗：科幻的场景预设·博物学

按照前述衡量科幻的三个维度，第一项“故事”是所有文学作品都要具备的，无须多谈。科幻有别于其他门类的，在于其二“场景预设”——构建实验室，其三“思想境界”——提出实验原理。

科幻的原创力，也常常表现为这两点。

延续上一节的讨论，有两种科幻：跳高的、向前跑的；潜水的、向后看的。

鉴于科幻的特殊性，有些作品虽然没有提出特别的实验原理，但是建构了非常特殊的实验室，也具有很强的原创性，也能成为科幻经典。反之，某些作品虽然有不错的思想深度，提出了不错的实验原理，但是实验室造得粗糙，思想无法贯彻，故事讲得不好，也不能算是好科幻。这有点儿类似于华山派的剑宗和气宗，气宗强调内力，剑宗强调剑法。没有剑法，内力发挥不出来；剑法高深，可以弥补内力不足。气宗、剑宗都能有一流高手。

在科幻史上，有大量作品致力场景预设，建构实验室。作者无力提出特别的思想，只是把同时代对于科学、技术、社会与自然关系的缺省配置作为其思想基础，在这个缺省配置之上，预设一个特别的场景，加入一个特别的技术，讨论其可能的后果。

当然，也常常会有这种情况发生。起初，作者只是在缺省配置的基础上，向前走，设置了某种特别的道具，并追问此道具在具体应用中所导致的各种可能性，但是在这个过程中，对缺省配置产生了疑惑，从而提升了思想本身。这个道具就成了一个思想的抓手，它引领作者，走向思想的深处。于是剑宗高手达到气宗的一流境界。从发生学的角度看，相当多数的原创思想也是这样产生的。

从场景道具的维度，科幻史上的作品可以大体归类如下：

第一，立足当下的科学，构想某种可能的技术；立足当下的科学，想象未来某种可能的科学，并构想可能的技术；把这样的科学和技术，应用到社会生活和自然环境之中。能否立足当下的科学，取决于科学根基是否雄厚，这是硬科幻作者得以自豪的部分。比如多级火箭的最早构想，就是被齐奥尔科夫斯基写到科幻小说里的。其中的技术，常常表现为机器。在科幻史上，几乎与科学同步同构地实验了所有的可能性，几乎所有门类的科学和技术都被实验过了。激光、纳米、机器人、遥感、基因工程……物理学、化学、医学、材料科学，乃至心理学……罕有漏网。

第二，基于人的某种愿望，幻想可能的科学及其技术，比如读心术、隐形术、变形术、造梦术、超能力……于是，超人、蜘蛛人、蝙蝠人、透明人、蚁人……不断地跳出来。在这类作品中，有时会偏离科幻，科学有时只是一个被拉来的包装，与魔幻、玄幻界限模糊。

第三，虚构一个世界，营造整个场景和道具，这一类故事，或者把场景放在太空，或者把时间放在未来，总之不在当下。太空旅行是科学英雄主义与科学浪漫主义的最佳舞台，也是存在主义的最佳场所，适合于呈现不同主题的思想实验，所以作品繁多，绵延不绝。

从历史上考察，科幻史上的大多数作品，所立足的科学及其技术，都是数理科学的。这与以往缺省配置对于科学的理解，科学主义的意识形态，以及对于硬科幻的迷恋，都是相互建构的。

有鉴于此，在短期的未来之内，以博物学（包括生态学、演化论）为基础的科幻场景预设，更能产生具有原创性的作品。

爱因斯坦曾说，“你相信什么，你就能看到什么。”思想实验同样符合“观察渗透理论”，视角不同，理论不同，所看到的世界就完全不同。在只有数理科学作为思想资源的科学主义看来，侏罗纪公园是一架决定性的机器，能够在科学家的操控下持续运行。而从混沌理论看来，侏罗纪公园从一开始就百孔千疮，危机重重。

同样，以博物学（生态学、演化论）为思想资源和思想基础，世界会呈现出另一个样子。

博物学一直是科幻的盲点，为大多数科幻作家所忽视。H.G.威尔斯在《世界之战》中使用过一点点。2005年，斯皮尔伯格将其搬上银幕。故事中，外星人威力无比，地球上的任何武器都无法撼动外星人和外星机器的皮毛，但是，忽然有一天，外星人纷纷死去，无疾而终。威尔斯给出答案，原来外星人是被地球上的细菌给消灭了。这里只用上了一点点生态学和演化论。在地球上，所有的物种都是相互依存，共同演化出来的。而外星人从来没有与地球上的细菌有过相互适应的过程，属于外来物种，他的敌人不只是人类，而是整个地球生物圈。

《阿凡达》（2009）是一个异类，整个故事都建构在盖娅理论之上，纳威人、神树、各种生物，乃至整个潘多拉星，都是相互关联的生命整体。这使得《阿凡达》在思想上达到了特别的高度。

此外，宫崎骏的《风之谷》《天空之城》和《幽灵公主》等动画

片，其场景预设、故事细节和画面细节，都富有博物情怀，它们所达到的艺术高度和原创性有博物学的支撑。

相反，刘慈欣的《三体》固然是一部优秀的作品，但是它仍然是建立在数理科学的基础之上的。如果考虑了生态学和混沌理论，整个故事恐怕都难以成立了。

六、气宗：科幻的思想纲领

作为思想实验，无论从实验室入手，还是从实验原理入手，最终，决定科幻作品思想高度的，是思想本身。如前所述，作者对于科学、技术与社会、人和自然之间的多重关系，是否有自己的理解，有自己的思考，从而在作品中体现出来。

长期以来，科学主义是中国主流意识形态的重要部分。在这种缺省配置中，科学及其技术被认为是一种正的推动社会进步的力量，所以中国的科幻作品常常幻想未来的科学和技术如何造就如何美好的社会，这类作品以叶永烈的《小灵通漫游未来》为代表。也是这个原因，中国科幻长期以来在场景预设上用力。

江晓原教授很早提出，无论对于科幻还是科普，科学主义的纲领都是没有前途的，反科学主义的纲领才是有生命力的[①]。这也是“反科学文化人”的共同观点。如果考察科幻的历史，西方科幻的主流，从被公认为第一部科幻小说的《弗兰肯斯坦》开始，就是

① 关于何为反科学主义，以及何谓反科学主义的科普与科幻纲领，“科学文化人”已经有相当丰富的论述。

反科学主义的，对科学及其技术的可能性不是怀着乐观的拥抱的态度，而是警惕和抗拒。在西方科幻中，科学家常常以科学狂人的形象出场，他们有特殊的能力，而这些能力使他们的贪欲和控制欲被激发出来。

江晓原教授在其《江晓原科幻电影指南》导言中，提出了看科幻电影的七点理由，如同阶梯诗一般排列，如下：

一、想象科学技术的发展
二、了解科学技术的负面价值
三、建立对科学家群体的警惕意识
四、思考科学技术极度发展的荒诞后果
五、展望科学技术无限应用之下的伦理困境
六、围观科幻独有故事情境中对人性的严刑逼供
七、欣赏人类脱离现实羁绊所能想象出来的奇异景观

这七点其实不是并列关系，其中二、三、四、五，都贯穿着他的反科学主义纲领。其六，属于我说的三个维度的第一条“故事”；其七，属于“场景预设”；只有其一，有可能有科学主义的成分，但是结合后面几点考虑，反科学主义的成分更浓。

我以前曾经打过比方，科学主义与反科学主义不是对同一个问题的两种看法，而是两种不同的境界。如果科学主义在一楼的东侧，反科学主义并不在一楼的西侧，而是在二楼、三楼。如果

说，科学主义的主张是向东，再向东，只有东是唯一正确的方向，则反科学主义的主张是向上，再向上，没有任何一个方向是绝对正确的方向。从科学 / 技术的文化研究与社会研究的学术角度看，科学主义的思想资源是朴素的实证主义，而反科学主义的思想资源早已从证伪主义到历史主义，升级到今天的科学知识社会学（SSK）和科学实践哲学。

科学主义如同一个玻璃天花板，罩在中国科幻的头上。被罩在里面的人无论怎么样发动想象力，也跳不了多高。《三体》是一个异数，是古典硬科幻的巅峰之作，是科学英雄主义与浪漫主义的最后史诗，不但空前，也是绝后的。因为《三体》的三观：机械自然观、朴素实在论的科学观、单向的社会进化观，都是陈腐的、没落的，有害的，是与工业文明相匹配的。

相反，一旦转换立场，玻璃天花板顿时消失，整个世界顿时呈现出全新的样子。单单把江晓原的二至四点作为出发点，这个思想实验的境界就大大提升了。一旦有了新的思想资源，新的实验原理，则所要建构的实验室和所要安装的设备，也会焕然一新。

当科幻作者主动地把科学 / 技术的文化和社会研究学科群的学术成果作为思想资源，对于科学、技术与社会、人和自然之间的关系有了属于自己的思考，就会提出属于自己的问题，也会产生具有原创力的作品。

这方面的最佳例证是迈克尔·克莱顿的小说，我把他的作品称为“科幻批判现实主义”，他是以科幻的形式，来表达他对现实世界的思考的。比如在《侏罗纪公园》中，已经包含了对于资本与技术相结合，资本购买科学，科学家为资本服务等问题的表现与反思。

七、文明实验的舞台

人类正处在一个文明转型时期，工业文明导致了全球性的环境危机与生态危机，人类文明已经到了灭绝的边缘，人类向何处去，成为一个摆在全人类面前的问题。

由于科学在当下人类生活中的特殊地位，使得科幻小说的思想实验具有了特殊的意义。科学（或者技术）的变化，往往会导致社会生活中的某些重要元素，乃至整个社会结构的变化。于是，科幻小说的思想实验，就成了对人类文明的一种特殊的思考。

对于科学、技术与社会、人和自然多重关系的思考逐步深入，会自然而然地进入到对文明本身的思考。对于反思工业文明，建构生态文明的可能性，科幻是一个极为恰当的表现方式，也成为科幻的一项文化功能。

当思考对象上升为文明本身，科幻的境界就又提升了一个台阶。

在科幻史上，已经有相当多的作品在讨论工业文明导致的恶劣后果，比如电影《后天》（2004），直接表现全球气候变化问题；动画片《Wall· a》（2008），直接表现未来的垃圾世界；甚至《三体》，虽然未能脱离工业文明的基本逻辑，但是由于其长达

《阿凡达》电影海报

四百年的叙事时间，所建构的未来世界也包含了大量对工业文明的反思和批判。

但是，对于生态文明的建构，当下科幻则相对缺少，只有不多的例子。比如，动画片《幽灵公主》不仅批判了工业文明，也讨论了新文明的可能性；电影《阿凡达》建构了基于盖娅理论的文明，形象地表现了“生命共同体”的概念。这些都可以视为对于文明本身的思想实验。

建构生态文明的可能性，这正是未来科幻可以着力之处。在这个方向上，博物学大有用武之地。

八、结语

“思想是科幻的灵魂”，对于科学、技术与社会、人和自然各种关系的反思，对于文明本身的反思，决定了科幻的境界，也决定了科幻的场景预设，是未来科幻可能达到的一个高度。

想象不是一个动词，而是一种精神状态的副产品。当人处于沉静之中，当然陷入沉思之中，思想得以充分的释放，就会表现为想象力。

此时，原创自在其中。

参考文献

[1] 田松．科学英雄主义时代的最后史诗[N]．中华读书报，2015-9-16（9）．
[2] 穆蕴秋．一部有纲领的科幻电影指南——评《江晓原科幻电影指南》[N]．中华读

书报, 2016-7-20(16).
[3] 邵牧君. 西方电影史论[M]. 北京: 高等教育出版社, 2005.
[4] 安德烈·巴赞. 电影是什么[M]. 北京: 中国电影出版社, 1987.
[5] 鲁道夫·爱因海姆. 作为艺术的电影[M]. 北京: 中国电影出版社, 2003.
[6] 布鲁诺·恩斯特. 魔镜——埃舍尔的不可能世界[M]. 田松、王蓓译. 上海: 上海科技教育出版社, 2014.
[8] 江晓原. 江晓原科幻电影指南[M]. 上海: 上海交通大学出版社, 2015.
[9] 田松. 科幻批判现实主义大师——纪念迈克尔·克莱顿[N]. 中华读书报, 2008-12-24(16).

原载《科学与社会》2018 年第 8 卷第 2 期。

致伊萨克·牛顿爵士的信

江晓原

| 导读 |

给古人写信，在文学界久已有之，不过收信人往往是写信者心中崇拜的对象，通常他们只是选择书信的形式向崇拜对象进行倾诉，内容往往以表达崇敬之情或诉说人生困惑为主。但本文并非如此，而是将牛顿身后人们对牛顿的一些了解和研究成果，以略带调侃的笔调，娓娓告诉牛顿本人。

这封长信还有两个特色：一、细心照顾到了牛顿生前的知识局限（比如那时还不存在美国），处处顺便为他提供了简要的背景知识。二、刻意模仿了牛顿时代欧洲文人那种在今天看来有点华而不实、喋喋不休的文风，使得阅读更增趣味。

皇家学会会长、皇家造币厂厂长、尊敬的伊萨克·牛顿爵士：

相信您还从未接到过来自中国的信件——尽管我知道您住宅的藏书中有关于去中国旅行的书籍。

请允许我先简单自我介绍一下：我是中国一所大学的科学史教授。

由于专业上的原因，我对于您个人的科学勋业和成就，会比一般公众了解得更多些；即使对于您的私人生活，我也有相当多的了解——例如，我甚至知道您晚年在南海股票上不甚成功的投机（据我所知您亏损了约 4 000 镑）。顺便告诉您，“南海股票”如今已成为股票行业中尽人皆知的投机个案，它已经载入史册。考虑到这一点，我甚至认为，您介入一种如此著名的股票，即使有所亏损，倒也能和您的巨大名声有所相称。

我有点担心，在这封本来已经相当冒昧的来信一开头，就谈论了一些您的私人生活细节，或许会引起您的不快——我仿佛已经看到您阅读时皱起的眉头。不过我确实没有任何冒犯您的意思。我之所以提到这些细节，实在是我那点小小的虚荣心在作怪——我试图向您显示，我确实对您有相当深入的了解。这当然归功于我多年来孜孜不倦地勤奋阅读您留下的著作和手稿——它们中最重要的一些已经被译成英语甚至中文，以及阅读后人撰写的那些汗牛充栋却又良莠不齐的关于您的传记文章。

今年——公元 2012 年——距离您生活的年代已经过去了 3 个世纪。从一封来自未来的信件中，您最希望了解到的会是那些信息呢？我暗自问自己。由于我无法与您进行有效的即时沟通（在这一点上，三百年来，科学毫无进展），我只能根据我自己的心理，来推测您的心理——我们中国有一句谚语“人同此心，心同此理”，就是此意。

牛顿完成《自然哲学之数学原理》后的画像。1689年，内勒（Godfrey Kneller）绘。

我推测，您最希望从这封信中了解的信息，应该包括如下两方面：

一、历史如何印证或显现了您的科学理论及其价值和意义；

二、您在后人心目中的形象如何。

希望我的推测不致和您的实际期望距离太远。

关于第一方面，情形固然不是您始料所及，但我相信还是能够让您感到欣慰。

毫无疑问，您创立的万有引力理论大获成功。在您身后，法国那个一贯投机钻营见风使舵却一生安富尊荣的拉普拉斯侯爵，将万有引力理论发扬光大，全面应用到天体运行轨道的计算上，居然成为天体力学的集大成者。您的万有引力理论差不多统治了天文学和物理学两个世纪，有人

甚至将整个宇宙看成一座钟表，而您因此也被尊奉为这个宇宙的运行原理的揭示者和运行规则的制定者——说实话，这样的地位和上帝还有多大差别呢？

不过，我不得不告诉您，进入 20 世纪之后，人们心目中的宇宙，逐渐开始偏离您用万有引力所描绘的图景。有一个叫作爱因斯坦的德国人，原先只是瑞士专利局一个平庸的小职员，只因业余时间比较喜欢读书和思考，在 1905—1915 年间弄出了一套被称为“相对论”的理论。诚然，他那种陷溺在红尘中的思考，和您当年在剑桥乡间的沉思相比，或许显得毫无贵族风范，然而他的相对论尽管长期存在争议，却还是能够高歌猛进，不久就取代了而又包容着您的万有引力理论，被用来为我们的宇宙描绘新的图景。在那种宇宙图景中，时空受到引力的影响，可以是弯曲的。有些对物理学缺乏真正了解的人，认为爱因斯坦已经“推翻”了您的万有引力理论，这样的说法是完全错误的；我们可以说他拓展了您的理论，因为您心目中的平直时空，现在可以被包容为新图景中“相对论效应”很微弱时的一个特例。

此后人们经常将这位爱因斯坦和您相提并论，他成为世人心目中唯一能够和您比肩的有史以来最伟大的科学家，晚年在美利坚合众国——您没有听说过这个国家，它原先是不列颠的殖民地，后来在一场反叛不列颠母邦的战争中独立，最终成了世界头号强国——的普林斯顿高等研究院，享受着国家的物质供奉和公众的精神崇拜，仿佛奥林比斯山上的神祇。不过，他总算没有得到被英王陛下封为爵士的荣幸。

关于第二方面，我打算更为详细地向您介绍，还请您能够以宽容的心态耐心垂听。

由于您在科学上的巨大成就和声望，许多人发自内心地希望将您塑造成一位“科学之神”，以满足他们精神崇拜的需求，这样的心情当然是完全可以理解的。以我们中国的情形而论，中国公众先读到含有“苹果从树上掉下来”之类儿童故事的普及版——相传是一个苹果落在您头上而启发了您的万有引力理论，不过有学识的人士通常不相信真有此事；再读到科学主义的励志版——您被描绘成一个为科学献身的圣人，您为了研究科学，居然连自己吃没吃过饭也会搞不清楚。

您归去道山之后，法国的丰特奈尔先生（Fontenelle）——您或许和他打过交道——发表了《伊萨克·牛顿爵士颂词》（*Eloge de M. Neuton*），这既是您的第一篇传记，也是对您的造神运动的开端。丰特奈尔先生担任法国皇家科学院的常任秘书，而我知道您在1699年入选该院的外籍院士，所以丰特奈尔先生职责所在，写了这篇颂词。本来呢，这样的颂词当然是要隐恶扬善称颂功德的，但是您知道这位丰特奈尔先生是怀着怎样的崇敬心情来歌颂您的吗？考虑到您生前一定还来不及看到这篇颂词，请允许我抄一段让您过目，丰特奈尔先生在颂词中热情洋溢地写道：

威尔士王妃，即现在大不列颠的王后，博学多知，能向这位伟人（指您）提出问题，而且只有他才能给出让她满意的答复。她经

常在公开场合宣称，她认为自己能与牛顿生活在同一个时代并且结识他，是一种幸福。在多少其他时代，在多少其他民族，才会产生另一位这样的王妃！

丰特奈尔先生真不愧是法国著名剧作家高乃依的外甥，不乏文采斐然的家学渊源，用王后陛下来衬托您的伟大，正是充满文学色彩的别出心裁之处。

不过，也有一些人士认为，对您的造神运动其实在您生前就已经开始了，而您对这样的运动至少持默许态度，也许您还乐观其成。甚至有人说，您还在晚年对这种运动推波助澜。他们的证据，是司徒克雷先生（W. Stukeley）那篇写于1752年的《伊萨克·牛顿爵士生平怀思录》（*Memoirs of Sir Isaac Newton's Life*）。这篇传记直到1936年才得以出版，我当然也认真拜读过了。不过我不得不坦率告诉您，我读后的感觉是，司徒克雷先生将您描绘成一个半人半神、完美无缺的不朽圣人，细读整个传记，却并无重要的见解和资料。

人们知道，这位司徒克雷先生是您的忘年之交，晚年与您过从甚密，《伊萨克·牛顿爵士生平怀思录》因为是基于亲身经历而写成的关于您的回忆录，所以在您的早期传记中不能不占有重要地位。然而，问题恰恰出现在这里——那些认为您在自己的造神运动中推波助澜的人推测说，您晚年在和司徒克雷先生谈话时，会不会巧妙地利用了他对您极度崇敬的心理，以及您自己那种不经意而出的高度智慧，影响了他的思想呢？他们说，想想看，一个比您年轻45岁的晚辈，而且又对您极度崇拜，面对您这样德高望重名满天下的伟人，他能够不被您影响吗？既然博学多知的王后陛下都为能够结识您而感到幸福，那司徒克雷先生这样的年轻人一旦有幸和您结识，恐怕就激动得完全不能独立思考啦。

当然，我认为这些都只是猜测之辞，更不必对您作诛心之论。但是总而言之，在18、19世纪，对您的造神运动一直在卓有成效地进行着。您被塑造成科学理性的化身。当19世纪中叶的鸦片战争——我必须坦率告诉您，这是不列颠对中国发起的一场可耻战争，战争的起因足以让不列颠的正直之士羞愧得无地自容——之后，您开始被介绍给中国公众时，您作为科学理性化身的形象已经牢不可破。在许多中国作者为教化年轻人而撰写的您的传记中，即使偶尔提到您研究神学之类的事情，也必轻描淡写一笔带过，并将这些说成是您“晚年滑入唯心主义泥潭”的表现。

当您在公元1727年3月20日归去道山之后，有关的专业人士——我猜想应该是法律方面的——就进入了您的住宅。他们仔细清点了您身后的所有遗物，大到家具，小到茶壶，乃至厨房中的所有烹饪器具，甚至您马厩中的一顶轿子，巨细靡遗，逐一登录，于是形成了一份文件：《伊萨克·牛顿爵士的所有有形动产和证券的既真实又完整的财产清单》。这份财产清单中当然包括了您留下的1896册藏书，还有一些小册子和笔记本——顺便告诉您，这些藏书当时估价仅为“总价值270镑”。后来有人又为您的藏书编制了详细的目录。据说您留下的藏书在您归去道山之后就神秘消

失了，直到两百多年后才重新被人发现，现在它们被收藏在剑桥大学三一学院，总算得其所哉。

接下来的事情，就不一定是您所乐意见到的了。在20世纪上半叶，有一位英国皇家工程兵退役中校德·维拉米尔（R. de Villamil），也许是出于对您的崇敬，也许只是退役之后无所事事，居然将您早已沉睡在故纸中的财产清单和藏书目录都弄到了手，而且他还据此撰写了您的传记。这位维拉米尔中校写的传记，取名就不复当年丰特奈尔先生和司徒克雷先生那样对您充满敬意，而是轻描淡写、甚至有些轻佻地取作《牛顿其人》（*Newton: the Man*）——您看到这样的标题，如果产生"人心不古"的浩叹，我是完全能够理解的。

一个退役中校来撰写您的传记，他能够正确评价您的历史贡献吗？这样的传记会是重要的吗？然而，维拉米尔中校写的传记竟然有"柏林皇家科学院物理学教授"爱因斯坦为之作序推荐！爱因斯坦教授——就是我前面向您提到过的那位，他后来为了逃避迫害去了美国并最终成为美国公民——这样写道：

德·维拉米尔中校应得到全世界物理学家的感谢和祝贺，因为勤奋和机敏使他能够为我们找回牛顿藏书的实际遗存……以及他的所有财物的财产清单。这些东西使我们有可能建构牛顿生活和工作的实际图景，这一图景所具有的真实气氛远比在果园中的苹果的老传说实际。

然而事实上，维拉米尔中校的兴趣根本不在您的工作和科学贡献上，他像如今普遍流行的小报娱乐版——在您的时代这种低俗之物也许尚不多见——的记者那样，将他的注意力完全集中在您的私生活上。

维拉米尔中校告诉我们：您的藏书中有许多希腊文和拉丁文经典，但是“如乔叟、莎士比亚、弥尔顿、斯宾塞等的英国经典几乎是完全空白”。他认为您对诗歌没有兴趣，因为您曾转述您的老师的见解：“诗歌是一种巧妙的废话。”他说您的藏书中有许多关于异国（包括中国）旅行的书，但没有法国的诗歌和文学作品。总而言之，中校给读者留下的印象是，您对于文学几乎没有什么兴趣和造诣。

中校还告诉我们，您的生活相当俭朴，宅中器物一点也不奢华。然而奇怪的是，他居然由此得出您“缺乏审美趣味”的判断，他说您住宅中除了一个别人为您雕刻的您本人的象牙头像之外，竟然再无任何能够让他感到和“美”相关的器物了。他还报告说，您不画画，不喜欢动物（这让人怀疑后世广为流传的关于您为一大一小两只猫开了一大一小两个墙洞的故事是否真实），但喜欢玩西洋双陆棋……

中校对您参与南海公司股票投机的事情表现出了异乎寻常的兴趣——我甚至怀疑他自己就是一个热衷股票投机活动的人。他兴味盎然地在传记中花费了喧宾夺主的篇幅，详细讨论了南海股票的前世今生、您的操作依据以及他对您操作的盈亏评估。他的结论是：您本来可以在获利 20 000 镑时高位出货，但是您未能及

时卖出，结果直到您归去道山时仍然持有着南海股票，此时您已经亏损约 4 000 镑。

不过我倒认为——我大约不知不觉就被中校浓烈的八卦情怀所影响，怎么对这件事也想发表意见了呢？我认为，和许多人在南海股票上的倾家荡产相比，您的炒作成绩应该不算太坏，因为这点亏损对您晚年来说已经无关大局——我知道您晚年已成富人，每年收入都在 2 000 镑以上，而且逐年递增，最后那年已超过 4 000 镑。

平心而论，维拉米尔中校的传记虽然有明显的娱乐化倾向，但对于您在世人心目中的形象来说，并未造成太大的影响。真正致命的打击，来自此后不久问世的另一种您的传记。这篇传记使您的形象开始出现转折。这种转折的罪魁祸首——如果您不喜欢这种转折的话，竟然是你们欧洲人所熟悉的拍卖活动。这个故事说来话长，但我只打算简要概述一下。

我们知道，您晚年有一箱不愿意示人的秘密手稿——这在今天看来完全无伤大雅，谁都会有一点隐私的。您归去道山之后，一位主教曾被请去察看这个箱子中手稿的内容，相传“他惊恐地看到箱子中的内容并砰地关上箱盖”。这箱神秘的手稿从此在您身后销声匿迹了两百多年，一直没有引起人们的注意——我相信这正是您所期望的。

然而到了 1936 年，著名的索斯比拍卖行开始拍卖一宗名为“朴次茅斯收藏”的古物，这正是您的遗物。一个名叫凯恩斯

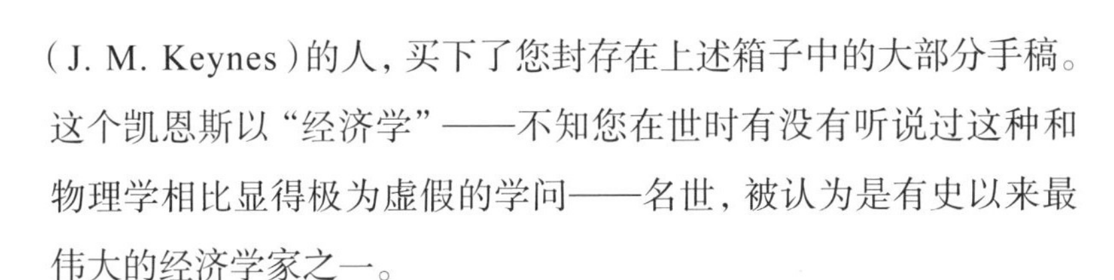

（J. M. Keynes）的人，买下了您封存在上述箱子中的大部分手稿。这个凯恩斯以“经济学”——不知您在世时有没有听说过这种和物理学相比显得极为虚假的学问——名世，被认为是有史以来最伟大的经济学家之一。

顺便告诉您，凯恩斯是一个风流不羁的不列颠才子，他和英国上流社会几位美丽而聪慧的女性过从甚密，形成一个被称为“布卢姆斯伯里（Bloomsbury）”的社交圈子，他们经常活动的场所是伦敦戈登广场 46 号。在这个圈子里，婚外恋、同性恋，当然还有异性恋，都并行不悖。他们自己对此这样评价：“在戈登广场 46 号，没有什么是不能谈的，没有什么是不能做的，这是文明的一次伟大进步。”——哦，真对不起，我是不是有点离题了？对于您这样终身过独身生活的人来说，凯恩斯他们的生活也许会让您感到厌恶。

然而，最出人意表的事情莫过于，您曾经担任过会长的皇家学会，在听说凯恩斯获得了您的秘密手稿之后，居然邀请他据此撰写您的新传记！而且邀请他在您诞辰 300 周年的纪念会上宣读！虽然那场被称为“第二次世界大战”的混战耽误了预定的纪念会，但是当 1946 年这个纪念会终于举行时，仍然由凯恩斯的弟弟——因为凯恩斯那时已经去世——宣读了凯恩斯生前已经撰写完成的您的新传记。

和维拉米尔中校一样，凯恩斯也将您的新传记取名为毫无崇敬之意的《牛顿其人》。他在其中发表了惊人的论调，主要有如下

两点：

第一点，他断定，您在年轻时就背叛了当时“三位一体”的正统教义，成为异端教派的信徒。他报告说，您甚至撰写了反“三位一体”的小册子。“这是一个可怕的秘密，牛顿以极大的辛苦隐瞒了一生。……他至死没有吐露秘密。”如果您真有这样一个秘密的话，那么现在它被凯恩斯无情地揭露出来了。

第二点，被认为更为惊人的是，凯恩斯断定，您根本就是一个巫师，一个极度热衷的炼金术士，甚至还是一个星占学家，而不是科学理性的化身！他揭露，即使是在您写作不朽的《自然哲学之数学原理》的伟大日子里，您实验室中那些研究炼金术的炉火也很少熄灭。在他看来，您发现万有引力倒像是在研究炼金术之余的副产品。

凯恩斯看来也有着和维拉米尔中校类似的低俗趣味，例如，他甚至在传记中谈到，为您管家的您的外甥女凯瑟琳是财政大臣哈利法克斯伯爵——也是您的老友——的情妇，以及您本人“完全不关心女人”，等等。

当然，我得承认凯恩斯也还是有理性的，他在传记中也表达了对您的赞美和敬佩。例如，他甚至将您和耶稣基督相提并论：“三贤人也会向他表示真诚的和应有的尊敬”——这明显是用了《圣经》中“三王来拜”的典故，尽管我相信您不会认为这样的用典是恰当的。在这篇不长的传记结尾，凯恩斯这样评价您：

哥白尼和浮士德合而为一的人。这个奇怪的精灵，在魔王的诱惑之下相信，当他住在这些围墙中间的时候，他解决了如此多的问题，因而完全凭他的脑力，他就能得到上帝和大自然的所有秘密。

但是，无论如何，从凯恩斯的这篇传记开始，两三百年间塑造起来的您作为科学理性化身的形象，就此轰然倒塌。20 世纪末，美国科学哲学家科恩（I. B. Cohen）——他以一部《牛顿革命》（*The Newtonian Revolution*, 1980）的著作名世——为《科学家传记辞典》撰写的“牛顿”大条目，已经将您描绘成一个新的形象。而怀特（M. White）则将他为您撰写的传记取名为《最后的炼金术士：牛顿传》（*Isaac Newton: the Last Sorcerer*, 1997）。这些著作都已经被译成中文出版，只是尚未引起一般公众的注意。

好了，时候已经不早了，我在这封信开头承诺的两项任务也基本完成了。我真诚地希望，您的不列颠贵族的幽默感，能够使您在阅读这封信件时始终保持心情愉快。

无论如何，您在科学史上的伟大贡献是不可磨灭的。您也完全不必为您后世形象的变化而介怀。世人的价值体系本来就是在不断变动的，“科学之神”的形象也不会永久被人们膜拜。对于您只是在业余时间顺便搞出了万有引力这一事实——如果这是事实的话，在今天已经会使不少人因此对您更加崇敬。

我们中国人有一句古老谚语：“身后是非谁管得”，意思是说一个人生前无法左右他身后的名声，因为世事无常。中国还有一位诗人赵翼，写过两句著名的诗：“江山代有才人出，各领风骚数

百年”，这意思您很容易理解。我想这句谚语和这两句诗用在您身上都是相当合适的，愿您九泉之下，三复斯言。

耑此即颂

道安

科学史教授

江晓原

2012 年 1 月 1 日

发自中国最大的城市——上海

原载《文史参考》2012 年第 1 期。

中国科学院关于科学理念的宣言

中国科学院　中国科学院学部主席团

| 导读 |

这个宣言是一份非常重要的科学历史文献，在科学规范、科学伦理、科学哲学、科学社会学等方面都具有重要意义。特别是宣言中强调，科学家应该主动评估自己的研究是否会对社会带来危害、不能将科学凌驾于别的知识体系之上，都直接否定了以往人们熟悉的“科学研究无禁区”“科学高于一切”之类的观念。这清楚地表明：至少在中国科学界高层，对于国际上那些先进的思想资源，是持开放和接纳态度的。

科学及以其为基础的技术，在不断揭示客观世界和人类自身规律的同时，极大地提高了社会生产力，改变了人类的生产和生活方式，同时也发掘了人类的理性力量，带来了认识论和方法论的变革，形成

了科学世界观，创造了科学精神、科学道德与科学伦理等丰富的先进文化，不断升华人类的精神境界。

2007年2月26日，中国科学院召开新闻发布会，正式向社会发布了《关于科学理念的宣言》。这是在全社会关注学术伦理和学术规范的背景下，由中国权威科学机构首次发表的关于科学理念的宣言。

关于科学的讨论一向是科技界乃至社会各界关注的焦点，自20世纪以来，更在世界范围内广泛展开并持续升温。它源于对科学自身及科学与自然和社会系统相互关系的进一步思考，也是飞速发展的科学技术与人类的生存发展和多元文化相互作用的反映。科学技术在为人类创造巨大物质和精神财富的同时，也可能给社会带来负面影响，并挑战人类社会长期形成的社会伦理。人们往往从科学的物质成就上去理解科学，而忽视了科学的文化内涵及社会价值。在科技界也不同程度地存在着科学精神淡漠、行为失范和社会责任感缺失等令人遗憾的现象。

营造和谐的学术生态，需要制度规范，更需要端正科学理念。为引导广大科技人员树立正确的科学价值观，弘扬科学精神，恪守科学伦理和道德准则，履行社会责任，作为我国自然科学最高学术机构、国家科学技术方面最高咨询机构、自然科学和高技术综合研究发展中心，我院特向全社会宣示关于科学的理念。

一、科学的价值

科学是人类的共同财富，科学服务于人类福祉。科学共同体把追求真理、造福人类作为共同的价值追求，致力于促进人的自由发展和人与自然的和谐，体现了科学的人文关怀和社会关怀。这不仅为科学赢得了社会声誉，而且也促进了科学自身的进步。在科学研究职业化、社会化的今天，更应该严格恪守与忠实奉行这种科学的价值观。

20世纪以来，科学研究与国家目标紧密联系，已经成为保证国家根本利益，提升国际竞争力的战略要求。在经济全球化和知识经济时代，科学是一个国家发展的重要知识基础，是综合国力的重要组成部分，是引领经济社会未来发展的主导力量。从科学救国到科教兴国，依靠科学和民主实现中华民族的伟大复兴，是百余年来中国志士仁人的不懈追求。在我们这个正在和平发展中的国家，以创新为民为宗旨，以科教兴国为己任，是中国科技界共同的责任和使命，也是我院全体同仁科技价值观的重要核心与共识。

二、科学的精神

科学是物质与精神的统一，科学因其精神而更加强大。科学精神是人类文明中最宝贵的部分之一，源于人类的求知、求真精

神和理性、实证的传统，并随着科学实践不断发展，内涵也更加丰富。历史上，科学精神曾经引导人类摆脱愚昧、迷信和教条。在科学的物质成就充分彰显的今天，科学精神更具有广泛的社会文化价值，并已经成为全社会的共同精神财富，照耀着人类前行的道路，因此，倡导和弘扬科学精神更显重要。

科学精神是对真理的追求。不懈追求真理和捍卫真理是科学的本质。科学精神体现为继承与怀疑批判的态度，科学尊重已有认识，同时崇尚理性质疑，要求随时准备否定那些看似天经地义实则囿于认识局限的断言，接受那些看似离经叛道实则蕴含科学内涵的观点，不承认有任何亘古不变的教条，认为科学有永无止境的前沿。

科学精神是对创新的尊重。创新是科学的灵魂。科学尊重首创和优先权，鼓励发现和创造新的知识，鼓励知识的创造性应用。创新需要学术自由，需要宽容失败，需要坚持在真理面前人人平等，需要有创新的勇气和自信心。

科学精神体现为严谨缜密的方法。每一个论断都必须经过严密的逻辑论证和客观验证才能被科学共同体最终承认。任何人的研究工作都应无一例外地接受严密的审查，直至对它所有的异议和抗辩得以澄清，并继续经受检验。

科学精神体现为一种普遍性原则。科学作为一个知识体系具有普遍性。科学的大门应对任何人开放，而不分种族、性别、国籍和信仰。科学研究遵循普遍适用的检验标准，要求对任何人所做出的研究、陈述、见解进行实证和逻辑的衡量。

三、科学的道德准则

科学研究是创造性的人类活动，只有建立在严格道德标准之上，在一个和谐的环境中才能健康发展。在长期的科学实践中，科学所拥有的博大精深的文化和制度传统，形成了科学的自我净化机制和道德准则。当前，通过科学不端行为获取声望、职位和资源等方面的问题日趋严重，加强科学道德规范建设，保证科学的学术信誉，维护科学的社会声誉，已成为当前我国科技界的重要任务。

科学道德准则包括：

诚实守信。诚实守信是保障知识可靠性的前提条件和基础，从事科学职业的人不能容忍任何不诚实的行为。科技工作者在项目设计、数据资料采集分析、科研成果公布以及在求职、评审等方面，必须实事求是；对研究成果中的错误和失误，应及时以适当的方式予以公开和承认；在评议评价他人贡献时，必须坚持客观标准，避免主观随意。

信任与质疑。信任与质疑源于科学的积累性和进步性。信任原则以他人用恰当手段谋求真实知识为假定，把科学研究中的错误归之于寻找真理过程的困难和曲折。质疑原则要求科学家始终保持对科研中可能出现错误的警惕，不排除科学不端行为的可能性。

相互尊重。相互尊重是科学共同体和谐发展的基础。相互尊重强调尊重他人的著作权，通过引证承认和尊重他人的研究成果和优先权；尊重他人对自己科研假说的证实和辩驳，对他人的质疑采取开诚布公和不偏不倚的态度；要求合作者之间承担彼此尊重的义务，尊重合作者的能力、贡献和价值取向。

公开性。公开性一直为科学共同体所强调与践行。传统上公开性强调只有公开了的发现在科学上才被承认和具有效力。在强调知识产权保护的今天，科学界强调维护公开性，旨在推动和促进全人类共享公共知识产品。

四、科学的社会责任

当代科学技术渗透并影响人类社会生活的方方面面。当人们对科学寄予更大期望时，也就意味着科学家承担着更大的社会责任。

鉴于当代科学技术的试验场所和应用对象牵涉到整个自然与社会系统，新发现和新技术的社会化结果又往往存在着不确定性，而且可能正在把人类和自然带入一个不可逆的发展过程，直接影响人类自身以及社会和生态伦理，要求科学工作者必须更加自觉地遵守人类社会和生态的基本伦理，珍惜与尊重自然和生命，尊重人的价值和尊严，同时为构建和发展适应时代特征的科学伦理作出贡献。

鉴于现代科学技术存在正负两方面的影响，并且具有高度专业化和职业化的特点，要求科学工作者更加自觉地规避科学技术的负面影响，承担起对科学技术后果评估的责任，包括：对自己工作的一切可能后果进行检验和评估；一旦发现弊端或危险，应改变甚至中断自己的工作；如果不能独自做出抉择，应暂缓或中止相关研究，及时向社会报警。

鉴于现代科学的发展引领着经济社会发展的未来，要求科学工作者必须具有强烈的历史使命感和社会责任感，珍惜自己的职业荣誉，避免把科学知识凌驾其他知识之上，避免科学知识的不恰当运用，避免科技资源的浪费和滥用。要求科学工作者应当从社会、伦理和法律的层面规范科学行为，并努力为公众全面、正确地理解科学作出贡献。

在变革、创新与发展的时代，在中华民族实现伟大复兴的历史进程中，必须充分发挥科学的力量。这种力量，既来自科学和技术作为第一生产力的物质力量，也来自科学理念作为先进文化的精神力量。我院全体员工，愿意并倡议科技界广大同仁共同践行正确的科学理念，承担起科学的社会责任，为建设创新型国家、构建社会主义和谐社会作出无愧于历史的贡献。

原载《中国科技期刊研究》2007 年第 2 期。

声 明

按照《中华人民共和国著作权法》相关规定，本书中所涉及文字作品、美术作品、摄影作品等，我们已尽量寻找原作者支付报酬，但因条件限制有些仍未能联系到原作者，原作者如有关于支付报酬事宜可及时与出版社联系。

图书在版编目（CIP）数据

科学人文：新的科学理念 / 江晓原主编. — 上海:上海教育出版社, 2019.6
（江晓原科学读本）
ISBN 978-7-5444-9174-7

Ⅰ.①科… Ⅱ.①江… Ⅲ.①科学哲学－普及读物
Ⅳ.①N02-49

中国版本图书馆CIP数据核字(2019)第122307号

策划编辑　宁彦锋
责任编辑　宁彦锋　茶文琼
书籍设计　陆　弦
印装监制　朱国范

江晓原科学读本
科学人文：新的科学理念
江晓原　主编

出版发行　上海教育出版社有限公司
官　　网　www.seph.com.cn
地　　址　上海市永福路123号
邮　　编　200031
印　　刷　上海中华商务联合印刷有限公司
开　　本　889×1194　1/32　印张 7.625　插页 4
字　　数　152 千字
版　　次　2019年7月第1版
印　　次　2019年7月第1次印刷
书　　号　ISBN 978-7-5444-9174-7/N·0022
定　　价　48.00 元

如发现质量问题，读者可向本社调换　电话：021-64377165